B. Rudelt

Anatomie des Tierkörpers

für veterinärmedizinische Assistenten/innen

Impressum

Anatomie des Tierkörpers
für veterinärmedizinische Assistenten/innen

Autor:
Dr. med. vet. B. Rudelt

3. Auflage 2006

info@verlag-wiss-scripten.de

online-shop
www.verlag-wiss-scripten.de

ISBN: 3-928921-47-9

Anatomie des Tierkörpers

Meinen Schülerinnen und Schülern
von einst und jetzt

Für Steffi, Marie und Anna

Inhaltsverzeichnis

Vorwort

Die Anatomie ist die Lehre vom Aufbau des gesamten Körpers. Angesichts der immensen Fülle des Materials stellt sich dem Studierenden die Frage nach dem "Wozu?". Aus dem "Wie?" des Aufbaues ergibt sich die Frage nach der Funktion. Das Verständnis von Bau und Funktion des gesamten Körpers macht das Verstehen des pathologisch Veränderten, dem krankhaften Prozess, leichter.

Das Buch richtet sich in erster Linie an die künftigen VMTA. Auch andere biologisch-medizinisch orientierte Fachschulstudenten und -studentinnen, wie auch die Tierarzthelferin, können von diesem Buch profitieren.

Bewußt wurde auf manch interessantes Detail verzichtet. Das Buch soll einen Überblick über die Tier-Anatomie liefern. Vergleichbare Aspekte, Embryologie und Phylogenese der Organe können - wenn überhaupt - nur marginal abgehandelt werden. Auf die einschlägige Fachliteratur sei verwiesen. Mit Rücksicht auf das angesprochene Publikum wurde mit lateinischen und griechischen Termini sparsam umgegangen.

Noch einen Gedanken möchte ich äußern: Keiner ist gegen Fehler gefeit. Sicher ist das Werk mal hier mal da nicht voll ausgereift. Ich bitte daher um kritische Hinweise und Anmerkungen.

Ich möchte auch nicht das Werk abschließen, ohne mich zu bedanken für die konstruktive und angenehme Zusammenarbeit mit dem Verlag Wissenschaftliche Scripten in Zwickau. Frau Heberlein hat es ausgezeichnet verstanden, auf die Wünsche des Autors bei der Gestaltung des Buches einzugehen.

Erwähnen möchte ich auch meine Frau Steffi, die kleine Anna und Marie, die durch die umfangreiche Arbeit, deren Bewältigung oft in der Freizeit stattfand, häufig zu kurz gekommen sind.

B. Rudelt

Zwickau, im September 1999
Zwickau, im Oktober 2006

Prolegomena zu einer Anatomie

Die Anatomie ist eine Grundlagendisziplin.

Der Aufbau des Tierkörpers ist Voraussetzung zum Verständnis der Funktion. Dann, wenn wir die Synthese von Bau und Funktion des Tierkörpers, den Beziehungen zu seiner Umwelt und seiner Struktur, zu Pflanze und Tier (Botanik und Zoologie), zu der elementaren Äußerung der Natur (Physik, Chemie) kennengelernt haben, treten wir ein in ein neues Gebiet: das der Krankheitslehre. Hier wird es auf den Vergleich von "normal" und "krankhaft" ankommen.

Viele Tiere bzw. deren Produkte dienen als Lebensmittel-Rohstoff. Die Untersuchung von Lebensmitteln verlangt eine solide anatomische und histologische Grundlage. Manches Phänomen der Lebensmittelhygiene - wie Reifung, Konsistenz - sind strukturell determiniert. Erkrankungen, die bei Mensch und Tier vorkommen können, haben ihre Auswirkungen auf bestimmte Lebensmittel. So schließt sich der Kreis von der normalen Anatomie zur Pathologie bis zur Lebensmittelhygiene.

Was erwartet den Studierenden in der Anatomie? Zur Verständigung in Wort und Schrift bedarf es eines anatomischen Wortschatzes. Dazu gehören die Richtungsbeziehungen und die Bezeichnungen anatomischer Strukturen. Dabei kommt das Latein und/oder das Griechisch zum Einsatz. Wir werden den Umfang altphilologischer Begriffe möglichst gering halten. Einige Begriffe jedoch sind einfach notwendig zur Verständigung in der Krankheitslehre (z.B. der Magen = Ventriculus, lat.; Gaster, griech; Magenentzündung = Gastritis).

Es wird die allgemeine Anatomie mit Grundlagen der jeweiligen Organsysteme besprochen.

Die Spezielle Anatomie befasst sich mit den einzelnen Organsystemen.

Am Anfang steht traditionell der Bewegungsapparat. Dazu gehören Knochen, Gelenke, Muskeln. Später kommen die Eingeweide hinzu. Abschließend wird das Nervensystem mit den Sinnesorganen besprochen.

1 Lagebeziehungen am Tierkörper

Für eine eindeutige, von der unterschiedlichen Lage und Stellung unanhängigen Beschreibung der Einzelteile bedarf es einiger Richtungsbezeichnungen.

Die Ebene, die den Tierkörper in zwei spiegelbildlich gleiche Hälften der Länge nach teilt, nennt man die Medianebene. Bewegt man sich von ihr weg, so lautet die Richtung lateral. Dringt man von außen in Richtung der Medianebene vor, so lautet die Richtung medial. Eine neben der Medianebene gelegene Schnittrichtung lautet paramedian. Die Richtung kopfwärts wird als kranial, schwanzwärts als kaudal, zum Rücken zu als dorsal, zum Bauch zu als ventral bezeichnet.

Am Kopf unterscheidet man oral (rostral) (zum Mund hin); aboral (vom Mund weg); nasal (zur Nase zu). An den Gliedmaßen lauten die Begriffe proximal (rumpfnah); distal (zu den Zehen hin); medial (zur Medianebene hin); lateral (zur äußeren Seite); dorsal (fußrückenwärts); plantar bzw. palmar (fußsohlenseitig).

Die Bezeichnungen verwendet man nicht mit dem Wort "nach" - dieses steckt bereits in der Endung -al (z.B.: ein Gefäß zieht kaudal, nicht: nach kaudal).

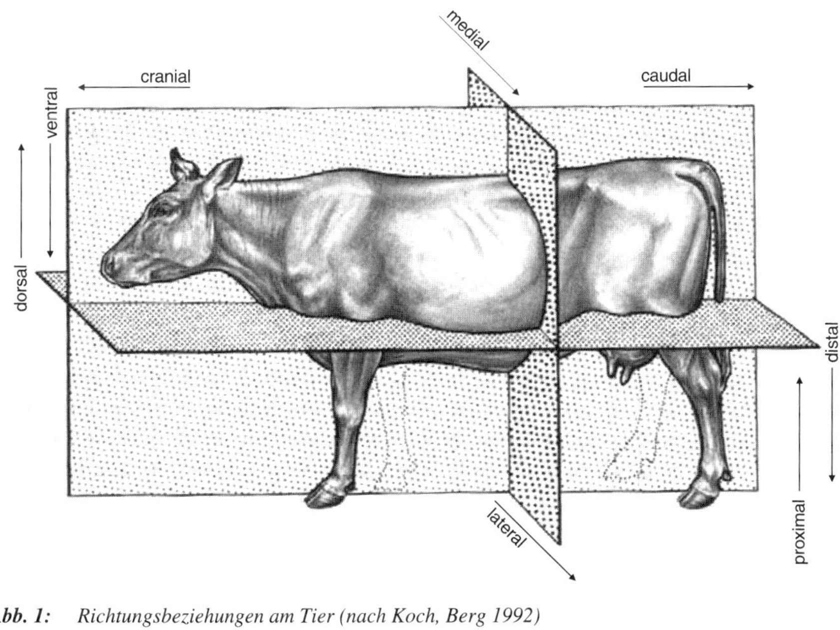

Abb. 1: *Richtungsbeziehungen am Tier (nach Koch, Berg 1992)*

Körperteile

Unsere Tiere sind aus verschiedenen, schon äußerlich sichtbaren Körperteilen zusammengesetzt. Der größte Teil wird vom Rumpf eingenommen. Kranial schließt sich der tierartlich unterschiedlich lange Hals an, der die Verbindung zum Kopf darstellt. Der Tierkörper wird von i. d. R. vier Gliedmaßen - den Brustgliedmaßen und den Beckengliedmaßen - getragen.

Nachdem wir den Tierkörper eingeteilt haben, beginnen wir mit der Besprechung der Organsysteme. Diese umfassen Organe, die strukturell und funktionell Einheiten bilden.

Zum Bewegungssystem gehören die Knochen (Skelett), Muskeln, die Gelenke, Bänder und Hilfseinrichtungen.

Das Verdauungssystem umfasst verschiedene Organe, die die Verdauung arrangieren, sowie deren Anhangdrüsen.

Darüber hinaus unterscheiden wir das Harn- und Geschlechtssystem, das Atmungssystem, das Herz-Kreislauf-System, das Nervensystem, die endokrinen Drüsen sowie die Haut- und Hautanhangsgebilde.

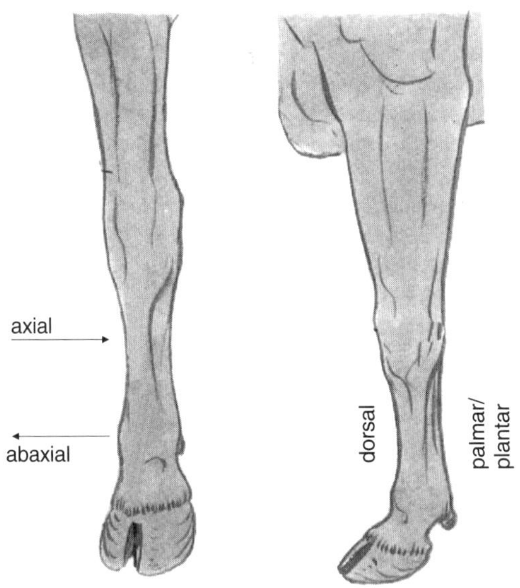

Abb. 2: *Richtungsbezeichnungen an der Gliedmaße (nach Koch, Berg 1992)*

2 Bewegungssystem

2.0.1 Allgemeine Knochenlehre

Das Verständnis der mannigfaltigen Aspekte der Physiologie und Pathophysiologie des Skelettsystems setzt anatomische und histologische Kenntnisse voraus.

Das Skelett besteht aus wenigen Gewebearten: dem straffen kollagenen Bindegewebe, dem Knorpelgewebe, dem Knochengewebe.

Das Bindegewebe oder Stützgewebe besteht aus extrazellulärer Substanz und verschiedenen Zellen. Die extrazelluläre Substanz enthält Grundsubstanz, retikuläre, kollagene oder elastische Fasern und Gewebswasser.

Kollagene Fasern

Sie sind sehr häufig, bestehen aus Fibrillenbündeln, welche aus Untereinheiten (Mikrofibrillen) aufgebaut sind. Diese setzen sich aus röhrenförmigen Eiweißen, den Tropokollagenfasern, zusammen. Zwischen den Fibrillen liegt eine amorphe Kittsubstanz.

Kollagenfasern sind sehr zugfest; sie kommen in Sehnen und im Knorpel vor.

Retikuläre Fasern (Gitterfasern)

Gitterfasern bilden dreidimensionale Netze um Zellen oder Zellgruppen und Gefäße (Kapillaren, Muskelzellen).

Elastische Fasern

Sie bilden ein Netzwerk anastomisierender Fasern, die aus Mikrofibrillen aufgebaut sind. Zwischen den Fasern liegt Kittsubstanz. Elastische Fasern kommen im elastischen Knorpel, aber auch im Nackenband vor.

Grundsubstanz

Zwischen den geformten Elementen und Zellen liegt die Grundsubstanz. Sie stellt ein amorphes Substrat aus Wasser, niedermolekularen Substanzen und Proteoglykanen dar.

Proteoglykane enthalten Hyaluronsäure, welche bei der Gelenkschmiere (Synovia) eine wichtige Rolle spielt. Grundsubstanz kommt auch im Knorpelgewebe vor. Hier spielt Chondroidinsulfat eine dominierende Rolle.

Straffes Bindegewebe

Es stellt eine Form des Bindegewebes dar. Typisch für das straffe Bindegewebe ist sein Faserreichtum. Die Fasern sind parallel ausgerichtet und in Bündel zusammengefasst. Die Fasern können starken Zugkräften widerstehen.

In Sehnen, auch in Muskelfaszien und in Aponeurosen (geschichtete Platten aus parallel gelegten Fasern mit Grundsubstanz, welche makroskopisch als flächige Ausläufer von Muskeln erscheinen). Ein dichtes Paket parallel gelagerter Fasern finden wir beim Nackenband.

Knorpelgewebe

Das Knorpelgewebe stellt eine Form des Bindegewebes dar. Es besteht aus Zellen und Interzellularsubstanz. Die Knorpelzellen werden auch als Chondrozyten bezeichnet. Sie sind vielkernig, das agranuläre endoplasmatische Retikulum ist gut ausgeprägt.

Chondroblasten sind Knorpelbildungszellen.

Die Zellen liegen in einem Hohlraum, der von Interzellularsubstanz und Fasern gebildet wird. Von wenigen Ausnahmen abgesehen, wird Knorpel von einer straffen kollagenen Bindegewebsschicht, dem Perichondrium, bedeckt.

Auf Grund struktureller Merkmale unterscheiden wir den Faserknorpel, den hyalinen und den elastischen Knorpel.

Faserknorpel

Er enthält Chondrozyten und eine an kollagenen Fasern reiche Interzellularsubstanz. Die Zellen können einzeln oder in Reihen auftreten. Faserknorpel kommt besonders im Zusammenhang mit Gelenken (Gelenkknorpel, Meniskus) vor.

Hyaliner Knorpel

Bei dieser weit verbreiteten Knorpelform sind die Fasern markiert, der Knorpel erscheint im Mikroskop bläulich, durchscheinend (hyalos = griech.: Glas). Das Lichtbrechungsvermögen der Fasern ist gleich dem der Grundsubstanz, auf Grund des hohen Gehaltes an Chodroitinsulfat.

Hyaliner Knorpel ist in der Luftröhre und in den Bronchien vertreten.

Elastischer Knorpel

Die Interzellularsubstanz ist reich an elastischen und kollagenen Fasern, die ein feines Netzwerk bilden. Die Netze umhüllen die Hohlräume der Grundsubstanz, in denen die Knorpelzellen liegen. Knorpel kann unter bestimmten Umständen verkalken, ein Prozess, der auch physiologisch abläuft.

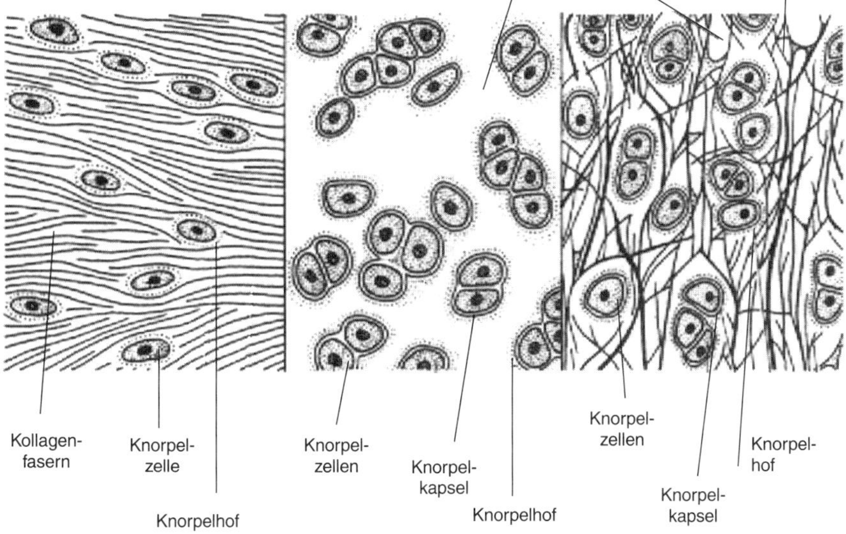

Abb. 3: *Knorpelaufbau (nach Schiebler, Schmidt 1987)*
Der Knorpel enthält Chondrozyten, die von Interzellularsubstanz umgeben sind. Dort können kollagene oder elastische Fasern liegen

Durch die kovalente Eiweiß-Proteoglykogen-Bindung wird Wasser reversibel gebunden. Dies verleiht dem Knorpel Elastizität. Im Alter wird Wasser abgegeben, ein Elastizitätsverlust ist die Folge.

Knochengewebe

Es stellt - wie das Knorpelgewebe - eine besondere Form des straffen Bindegewebes dar. Das Gewebe besteht aus Zellen und Interzellularsubstanz. Die Zellen setzen sich aus Knochenbildungszellen (Osteoblasten), Knochenzellen (Osteozyten) und knochenabbauenden Zellen (Osteoklasten) zusammen.

Osteoblasten

Sie besitzen einen ausgeprägten Syntheseapparat zur Bildung der Interzellularsubstanz. Über lange Fortsätze sind die Zellen miteinander verbunden.

Osteozyten

Beim reifen Knochen überwiegt dieser Zelltyp. Lange, dünne Fortsätze verbinden die Zellen über Nexus. Die Zellen entwickeln sich aus Osteoblasten. Osteozyten gelten als stoffwechselaktiv.

Osteoklasten

Sie stellen vielkernige Riesenzellen dar. Die Zelloberfläche ist durch Einstülpungen sehr unregelmäßig. Dadurch wird die Zelloberfläche vergrößert. Osteoklasten bilden abbauende Enzyme (Lysozyme), die in der Lage sind, Knochengewebe zu verstoffwechseln.

Knochengewebe

Es imponiert durch seine Festigkeit und Härte. Dies ist auf die Einlagerung von anorganischen Substanzen (besonders Kalziumphosphat) in die Interzellularsubstanz, zurückzuführen. Die Interzellularsubstanz besitzt kollagene Fasern und ist die Grundlage von Knochenlamellen.

Die zellulären Bestandteile liegen in Höhlen, die über Kanälchen miteinander verbunden sind.

Aufbau des Knochens

Wir unterscheiden ein schmales Mittelstück (Diaphyse) und die beiden Gelenkenden (Epiphysen). Die Diaphyse umgibt die Markhöhle. Die Epiphysen werden von einer Schicht hyalinen Gelenkknorpels überzogen. Im Inneren bestehen die Epiphysen aus einer geflechtartigen Substanz, der Spongiosa. Diese kann Bälkchen- oder Plättchenstruktur haben. Die Hohlräume sind mit Knochenmark ausgefüllt.

Die "Rinde" des Knochens - sie ist im Bereich der Diaphyse besonders dick - wird als Kompakta bezeichnet. Sie besteht aus Knochenzellen und einer lamellenförmig angeordneten Interzellularsubstanz. Blutgefäße ziehen von der Beinhaut in die Kompakta. Ein System feinster Kanälchen durchzieht das Knochengewebe.

Knochenmark

Das Knochenmark besitzt ein alters- und funktionsabhängiges Erscheinungsbild. Bei jungen Tieren herrscht das rote Knochenmark vor, während bei ausgewachsenen Tieren das rote Mark sich auf die langen und platten Knochen beschränkt (Wirbel; Brustbein). Besonders in den Extremitätenknochen kommt es zur Umwandlung zum Fettmark. Dies hängt mit der Fähigkeit der hier vorherrschenden Retikulumzellen zusammen, Fette zu speichern. Langanhaltende Hungerzustände und zehrende Krankheiten führen zum Fettabbau, wir würden in diesem Zusammenhang von Gallertmark sprechen.

An der Innenseite der Höhlen des Knochens befindet sich das Endost. Es stellt eine Schicht osteogener Zellen dar. Alle Knochen werden von einer Knochenhaut (Periost) überzogen. Diese besteht aus zwei Schichten. Die innere Schicht ist zellreich und enthält ruhende Osteoblasten, die äußere Schicht besteht aus einem Geflecht von Bindegewebe. Vom Periost aus ziehen Fasern zum Knochen (Sharpey'sche Fasern). Hier finden sich auch feine Blutgefäße und zahlreiche Nerven.

Wie entstehen Knochen?

Die biogenetische Grundregel (Haeckel), nach der die embryonale Entwicklung die Phylogenese im Zeitraffertempo darstellt, lässt sich anhand des passiven Bewegungsapparates sehr schön demonstrieren. Bei Embryonen finden wir zuerst ein Knorpelskelett. Durch Umbauvorgänge findet eine Verknöcherung statt. Wir bezeichnen die Verknöcherung von Knorpel die chondrale Ossifikation. Sie kann von innen heraus (enchondrale Ossifikation) oder von außen nach innen verlaufen (perichondrale Ossifikation). Wir finden diese Form der Knochenbildung besonders an den Extremitätenknochen.

Eine andere Form der Knochenbildung stellt die desmale Ossifikation dar. Hier verknöchert Bindegewebe zu Belegknochen (in der Phylogenese belegen oder bedecken diese Knochen als Platten in der Haut die Knorpel). Als Beispiel wären hier die Schädelknochen zu nennen.

Wie läuft die Ossifikation im einzelnen ab?

Bei der desmalen Ossifikation finden wir zuerst ein zellreiches Bindegewebe. Hier sind auch Osteoblasten vorhanden. Sie bilden eine organische Grundsubstanz, das Osteoid. Bald kommt es zur Aufnahme und Einlagerung von Apatit. So entsteht eine sich vergrößernde Verknöcherungszone.

Die chondrale Ossifikation geht ebenfalls mit einer Mineralisierung der Grundsubstanz einher. Das Ausgangsmaterial stellt Knorpelgewebe dar. Die Vorgänge lassen sich in langen Röhrenknochen studieren. Im Embryonalstadium stellen diese knorpelige Stäbe dar, die von Perichondrium umgeben sind. An der Innenseite des Perichondriums entstehen Osteoblasten, die eine Grundsubstanz bilden. Später verfestigt sich die Grundsubstanz durch die Einlagerung von Kalksalzen.

Durch die fortwährende Auflagerung einer neuen Zellschicht entsteht eine Knochenschicht. Der Vorgang wird als perichondrale Ossifikation bezeichnet.

Knochenaufbau geht mit Knorpelabbau einher. Von innen kann es zu Verknöcherungen kommen (enchondrale Ossifikation). Sie setzt sich proximodistal zu den Epiphysen durch. Später verknöchern auch diese. Zwischen Diaphyse und Epiphyse bleibt eine schmale Platte bestehen, der Epiphysenknorpel. Dieser liefert immer neues

Material, dessen Abbau und Ersatz durch Knochen so lang in Gang bleibt, bis das Längenwachstum des Knochens seinen Abschluss findet.

2.0.2 Allgemeine Gelenklehre

Zwischen den Knochen befinden sich mehr oder weniger bewegliche Verbindungen, die Gelenke. Echte Gelenke haben einen prinzipiell gleichen Aufbau. Beide Knochenenden sind mit meist hyalinem Knorpel überzogen. Oberflächlich kommen nur vereinzelt Chondrozyten vor. Kollagenfibrillen beherrschen das Bild. In der Tiefe des Knorpels liegt eine zellreiche Verkalkungsschicht. Diese ist zellteilungsaktiv. So wird das gelenknahe Wachstum des Knochens durch entsprechende Ossifikation positiv beeinflusst. Auch später besteht eine eingeschränkte Fähigkeit zur Knochenneubildung. Die Verkalkungsschicht ist mit der subchondralen Knochenoberfläche fest verzahnt.

Zwischen den beiden Gelenkknorpeln dehnt sich ein Zwischenraum, der Gelenkspalt, aus. Dieser ist mit einer gelblichen, viskösen Flüssigkeit, der Gelenkschmiere (Synovia) gefüllt.

Der Gelenkspalt wird überzogen von der Gelenkkapsel, die als eine Fortsetzung des Periostes auf den jeweils anderen Knochen verstanden werden kann. Sie besteht aus einer faserreichen Innenschicht, in der sich auch Fibroblasten befinden, sowie einer Deckzellschicht, in der sich phagozytierende A-Zellen befinden. Die A-Zellen entstammen dem Knochenmark und sind über gap-junctions miteinander verbunden. Die Fibroblasten sind für die Synthese von Kollagen, Glykoprotein, Proteoglykan und Hyaluronsäure zuständig. Es treten fenestrierte Blutgefäße und Lymphgefäße auf.

Beim Kniegelenk und Kiefergelenk treten Knorpelscheiben (Meniscus, Plural: Menisci) auf. Sie dienen zum Ausgleich einander nicht angepasster Gelenkflächen.

Viele Gelenke besitzen Bänder, die als Hemm- bzw. Führungsbänder das Bewegungsausmaß der Gelenke mitbestimmen. Sie bestehen aus faserreichem Bindegewebe.

Es gibt eine Reihe von Gelenken, die sich durch strukturelle bzw. funktionelle Besonderheiten auszeichnen. Gelenke, deren Bandmassen die Beweglichkeit ganz erheblich einschränken, werden als Amphiarthrosen bezeichnet (z.B. Kreuz- Darmbeingelenk).

Andere Gelenke besitzen keinen Gelenkspalt. An dessen Stelle tritt Bindegewebe (Symphyse), Knorpel (Synchondrose), Muskulatur (Synsarkose) oder Knochen (Synostose). Eine Sonderform ist die Symphyse. Deren Verbindung besteht aus hya-

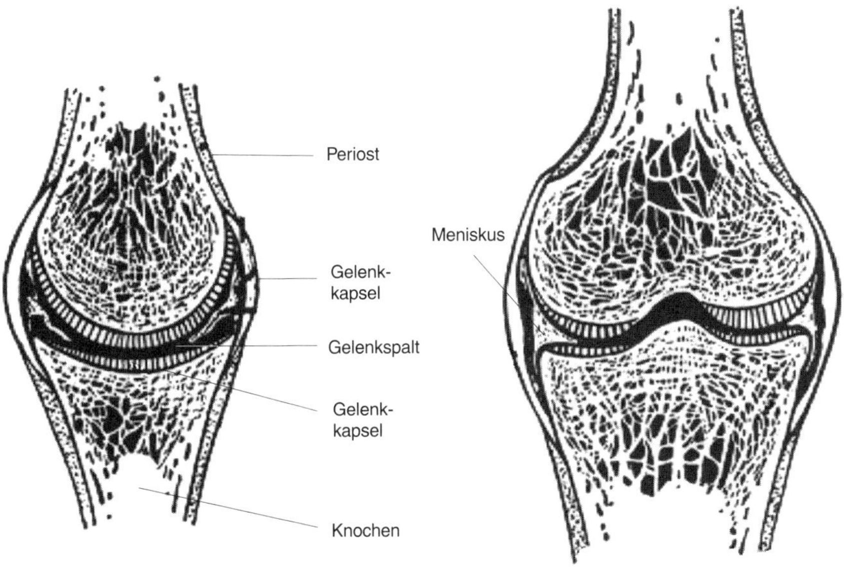

Abb. 4: *Allgemeiner Aufbau eines Gelenkes (nach Geneser 1990)*

linem Knorpel. Die knorpeligen Kontaktflächen sind mit straffem Bindegewebe miteinander verbunden. Die Beweglichkeit ist äußerst gering, die Haftfestigkeit hoch.

Zwei uneben gestaltete Oberflächen, die durch straffes Bindegewebe miteinander verbunden sind, bilden eine Einkeilung (Gomphose).

2.0.3 Allgemeine Muskellehre

Muskulatur besteht aus Muskeln, die wiederum aus Muskelfasern. Im Gegensatz zum Bindegewebe stellen die Fasern echte Zellen, Muskelzellen (Myozyten) dar. In diesen liegen viele Zellkerne. Das Zellplasma (Zytoplasma) wird auch als Sarkoplasma bezeichnet. Hier liegen die Myofibrillen, die wiederum aus Untereinheiten, den Myofilamenten, zusammengesetzt sind. Die Myofilamente bestehen aus Aktin und Myosin. Die Aktin- und Myosinfilamente überlappen sich teilweise. Ein Myosinfilament wird von sechs Aktinfilamenten umgeben, jedes Aktinfilament steht im Zentrum dreier Myosinfilamente. Aktinfilamente bestehen aus helikal angeordneten Aktiv-Molekülen, Myosinfilamente aus einzelnen Molekülen. Terminal haben diese Filamente hakenförmige Enden. Hier spielen sich die molekularen Vorgänge der Kontraktion ab.

Durch Bindegewebsstrukturen erhält der Muskel sein typisches Ordnungsprinzip. Um die Muskelfasern ist das Endomysium gelegt, eine Schicht von Bindegewebe. Viele Fasern werden von einem feinen Gespinst aus Bindegewebe ummantelt (Perimysium). Der Muskel selbst wird von einem faserreichen Epimysium umgeben. Die

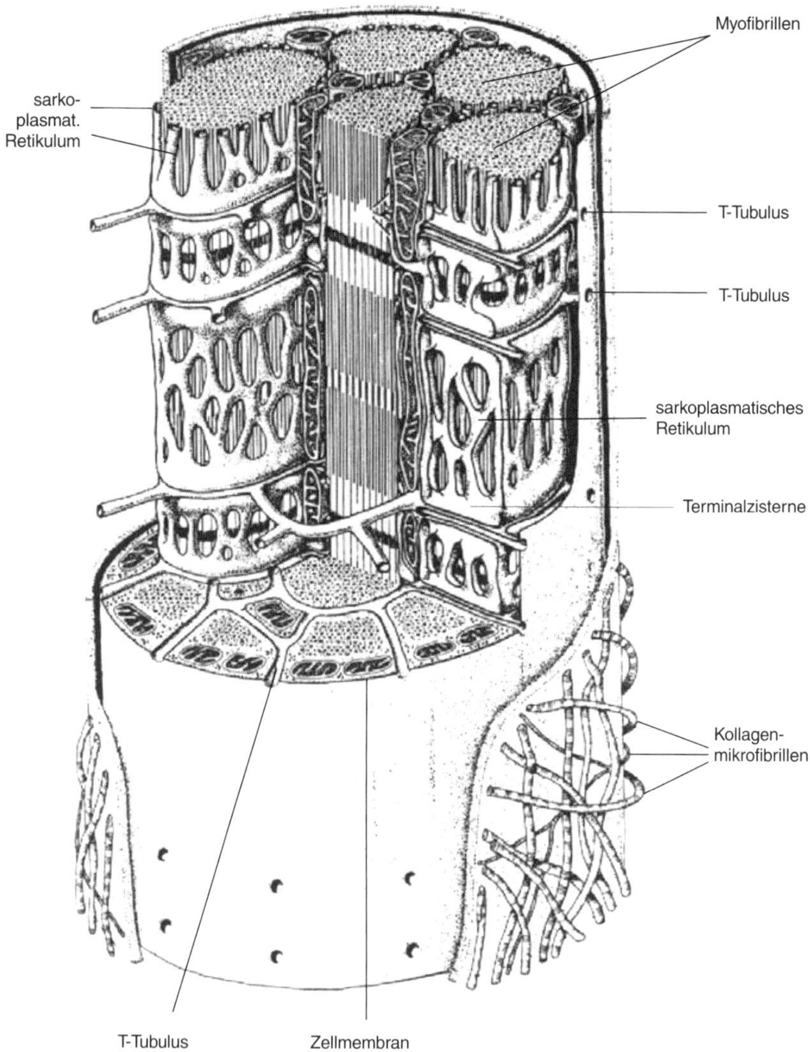

Abb. 5: *Aufbau einer Muskelfaser (nach Geneser 1990)*

Muskeln sind durch Faszien voneinander getrennt. Sie bestehen aus einem Gespinst faserreichen Bindegewebes. In den genannten Bindegewebsstrukturen verlaufen Nerven, Blutgefäße und Lymphgefäße.

Faszien sind entscheidend für die Verbreitung von krankmachenden Keimen. Dies trifft auch für das Lebensmittel zu. Fäulniskeime ziehen zuerst in diesen präformierten Bindegewebsstraßen entlang.

Entlang der Faser befindet sich ein dreidimensionales Membranschlauchsystem, welches in terminalen Zisternen endet. Die Tubuli werden durch Zisternen des endoplasmatischen Retikulums begleitet. Dies wird als sarkoplasmatisches Retikulum bezeichnet. Im sarkoplasmatischen Retikulum befindet sich das für die Kontraktion unerlässliche Kalzium.

Neuromuskuläre Kontakte

Der Kontakt zwischen Nervenfenster und Muskelzelle wird als motorische Endplatte bezeichnet. Nervenfaser und Muskelzelle treten soweit in Kontakt, daß nur ein Spalt (synaptischer Spalt) bleibt. Das Nervenfaserende stellt den präsynaptischen Teil dar. Hier liegt in vielen Vesikeln der Transmitter (Botenstoff, der den Nervenreiz übermittelt). Der muskuläre (postsynaptische) Teil der Synapse enthält sowohl Rezeptoren für den Transmitter als auch Enzyme, die diesen Botenstoff spalten.

Glatte Muskulatur

Sie kommt vor allem in der Wandung von Hohlorganen (außer Herz) und Blutgefäße vor. Zelluläre Komponente ist die spindelförmige glatte Muskelzelle. Sie legt sich zu Bündeln zusammen, die wiederum Schichten bilden. Glatte Muskelzellen haben einen zentralen Zellkern, Myofilamente, endoplasmatisches Retikulum, Mitochondrien und Ribosomen. Das Sarkolemm (Plasmalemm) weist den üblichen dreischichtigen Aufbau auf, es liegt benachbarten Muskelzellen an und über Nexus besteht ein Zell-Zell-Kontakt. Abgesehen von den Kontaktflächen (Nexus), liegt zwischen den Zellen ein Spalt, der ausgefüllt wird durch elastische und kollagene Fasern.

Hilfseinrichtungen der Muskulatur

Muskeln laufen oft in Sehnen aus. Diese stellen strangartige Strukturen dar. Großflächig auslaufende Sehnen (besonders der Bauchmuskeln) werden als Aponeurosen bezeichnet.

Sehnen und Aponeurosen bestehen aus faserreichem Bindegewebe, sie sind sehr zugfest, jedoch weniger druckfest, so daß an empfindlichen Stellen Schleimbeutel oder Sehnenscheiben die Sehnen schützen.

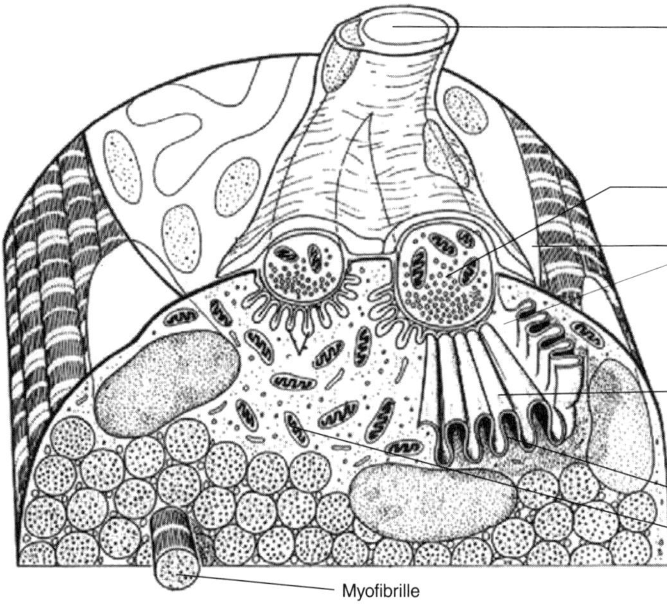

Abb. 6: Bau einer motorischen Endplatte (nach Rohen u. Lütjen et al. 1990)

Genannte Strukturen bestehen wie die Gelenkkapsel aus straffem Bindegewebe, und an der Innenseite liegen Synovia-produzierende Zellen. Der Binnenraum der Sehnenscheibe ist mit Synovia ausgekleidet.

2.1 Spezielle Knochenlehre

2.1.1 Knochen des Stammes

Die Knochen des Stammes setzen sich zusammen aus

- der Wirbelsäule
- den Rippen
- dem Brustbein.

Wirbelsäule

Die Wirbelsäule setzt sich aus einer Vielzahl von Wirbeln, deren Name sich aus der Lage ergibt, zusammen. Wir bezeichnen diese als Hals-, Brust-, Lenden-, Kreuz- und Schwanzwirbel. Die Wirbel werden von kranial nach kaudal gezählt. Lediglich der erste und der zweite Halswirbel haben Eigennamen. Der erste Hauptwirbel ist der Atlas, der zweite Halswirbel wird als Axis bezeichnet.

Die Wirbel haben einen bestimmten, prinzipiellen Bauplan, der nur in Details voneinander abweicht.

Wirbel besitzen einen annähernd zylindrischen Körper mit einer kranialen und kaudalen Artikulationsfläche. Dorsal des Wirbelkörpers erhebt sich der Wirbelbogen mit einem Dornfortsatz.

Die Gesamtheit der hintereinanderliegenden Wirbelbögen ergibt den Wirbelkanal. Der Wirbelkanal besitzt seitliche Öffnungen, die Zwischenwirbellöcher, sowie dorsal liegende Zwischenbogenspalten. Zwischen den Wirbeln liegen Zwischenwirbelscheiben; sie bestehen aus Knorpel.

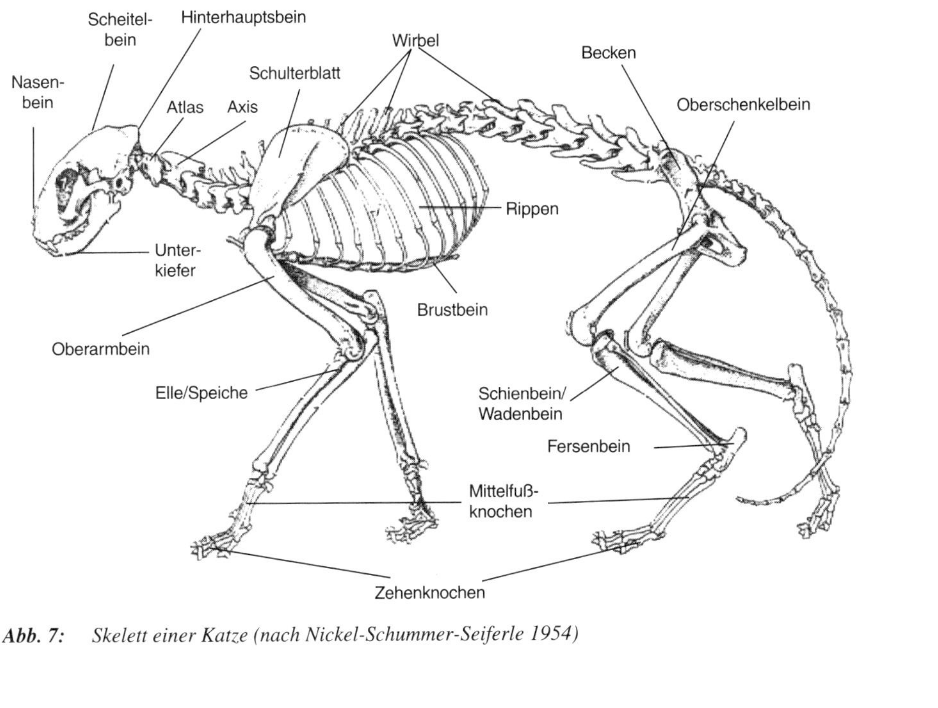

Abb. 7: *Skelett einer Katze (nach Nickel-Schummer-Seiferle 1954)*

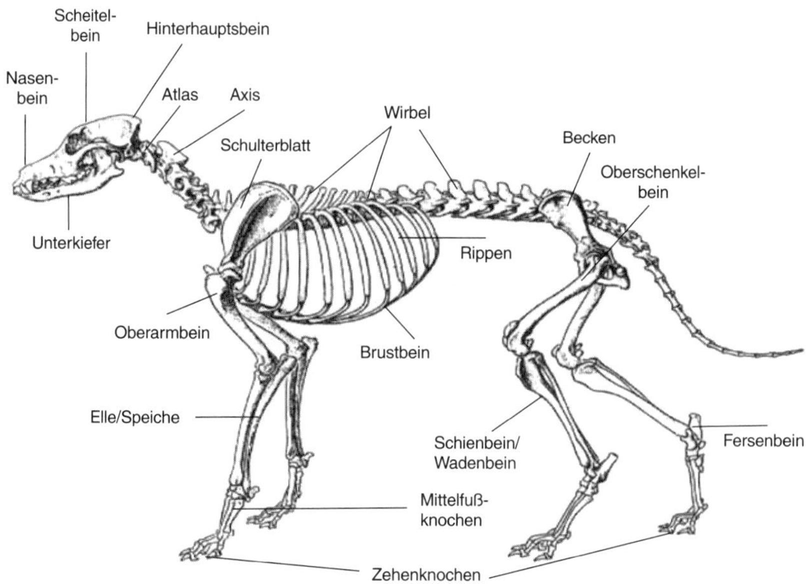

Abb. 8: *Skelett eines Hundes (nach Nickel-Schummer-Seiferle 1954)*

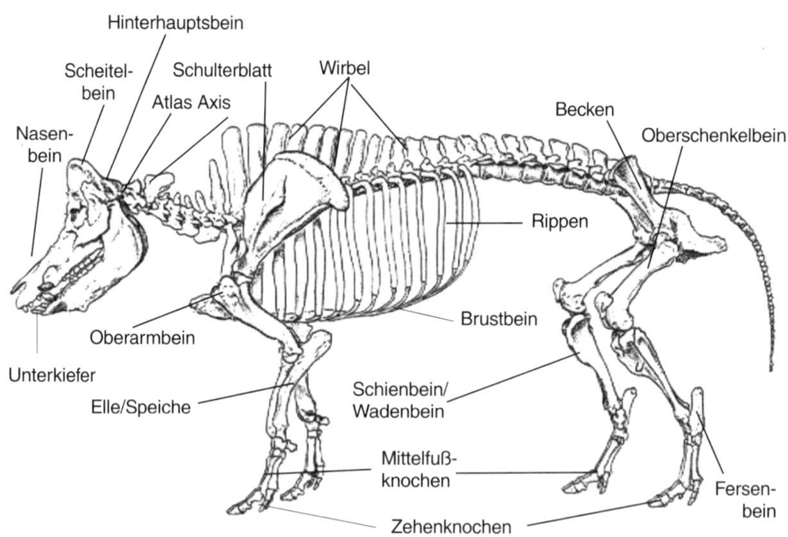

Abb. 9: *Skelett eines Schweins (nach Nickel-Schummer-Seiferle 1954)*

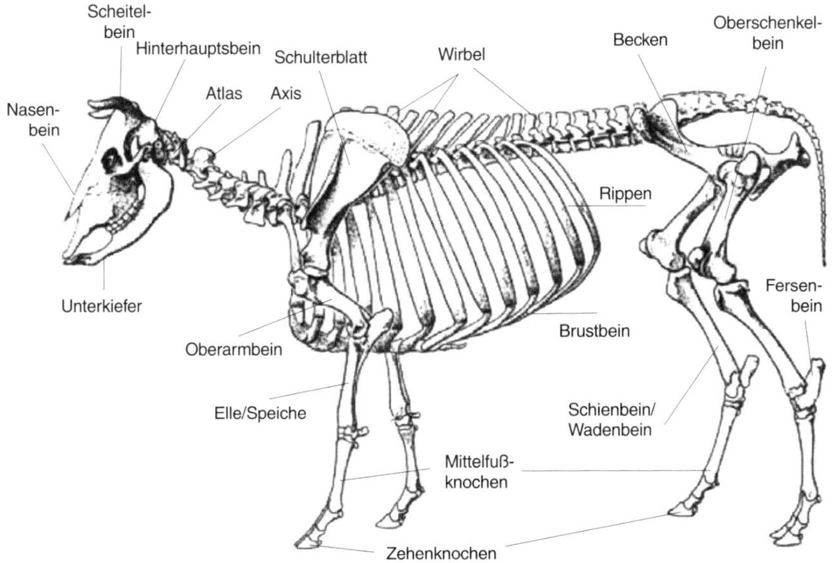

Abb. 10: *Skelett eines Rindes (nach Nickel-Schummer-Seiferle 1954)*

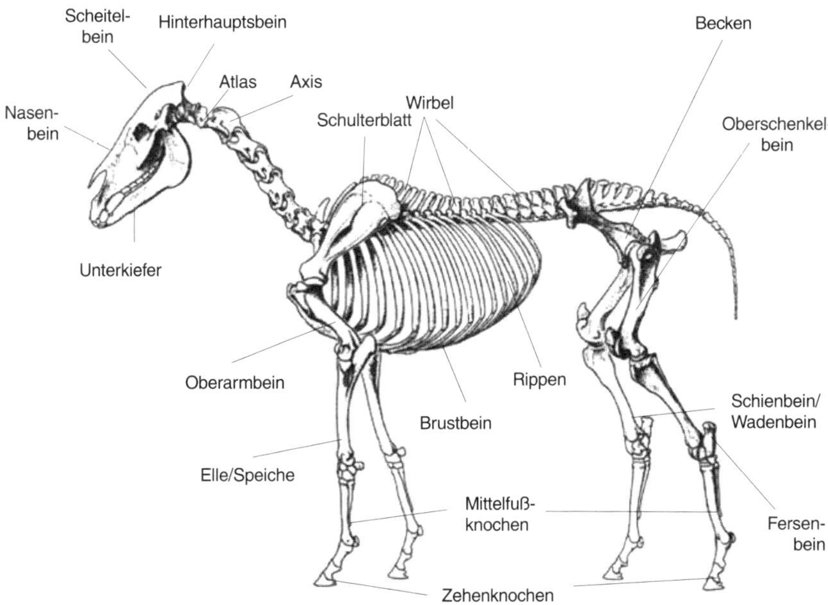

Abb . 11: *Skelett eines Pferdes (nach Nickel-Schummer-Seiferle 1954)*

Halswirbel

Die Säugetiere haben 7 Halswirbel. Auf Grund ihrer Funktion bei der Kopfbewegung unterscheiden sich die ersten Halswirbel vom allgemeinen Wirbelschema. Beim ersten Halswirbel, dem Atlas, sind die seitlichen Querfortsätze als Flügel ausgeprägt. Ein Dornfortsatz ist nicht ausgeprägt. Der zweite Halswirbel, der Axis, besitzt einen kammartigen hohen Dornfortsatz, der Wirbelkörper läuft kranial in einem spitzen Zahnfortsatz aus. Dieser artikuliert mit der kaudalen Gelenkfläche des Atlas. Die Halswirbel 3 bis 7 nehmen kaudal an Länge ab; die Dornfortsätze werden kleiner.

Brustwirbel

Die Zahl der Brustwirbel ist tierartlich unterschiedlich. Das Pferd besitzt 17 - 19; die Wiederkäuer und der Hund 13 und das Schwein 13 - 16 Brustwirbel. Charakteristisch sind die hohen Dornfortsätze sowie die Gelenkflächen für die Rippen.

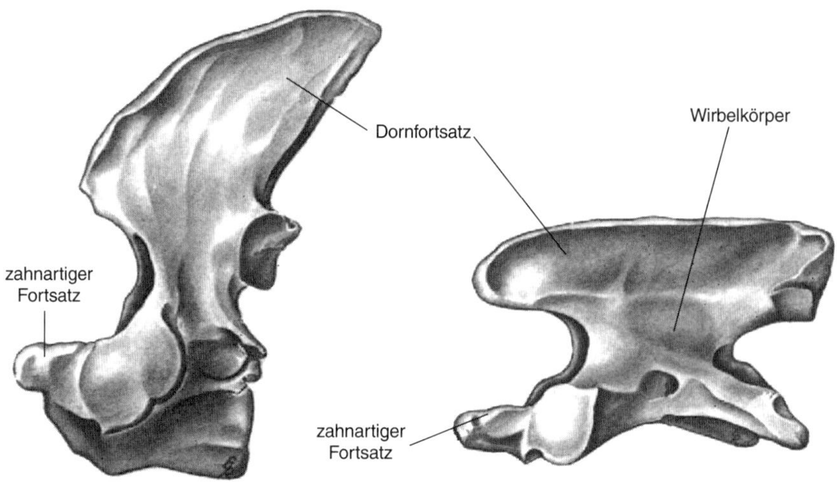

Abb. 12: *Axis (zweiter Halswirbel), nach Koch, Berg 1992*
links Schwein; rechts Hund
Man beachte den kranialen (linken) zahnartigen Fortsatz

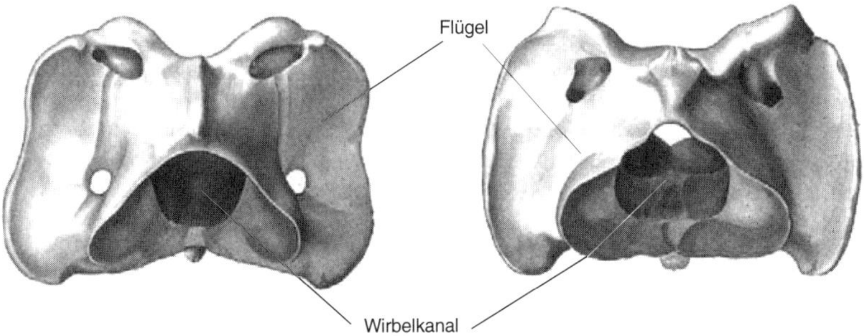

Abb. 13: *Atlas (erster Halswirbel); links Pferd - rechts Rind (nach Koch, Berg 1992)*
Man beachte die breiten Flügel

Lendenwirbel

Es kommen tierartlich unterschiedlich 6 - 7 Lendenwirbel vor. Charakteristisch sind die breiten Dornfortsätze.

Kreuzwirbel

Die Kreuzwirbel sind zum Kreuzbein verschmolzen. Dieses stellt einen Knochen von dreieckiger (Hund viereckiger) Gestalt dar. Kranial befinden sich zwei breite Flügelfortsätze, die mit dem Darmbein artikulieren.

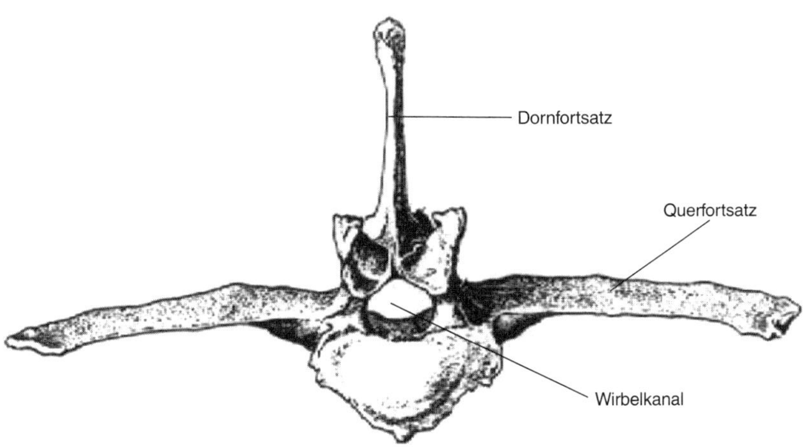

Abb . 14: *Lendenwirbel vom Pferd (nach Schummer-Nickel-Seiferle 1954)*

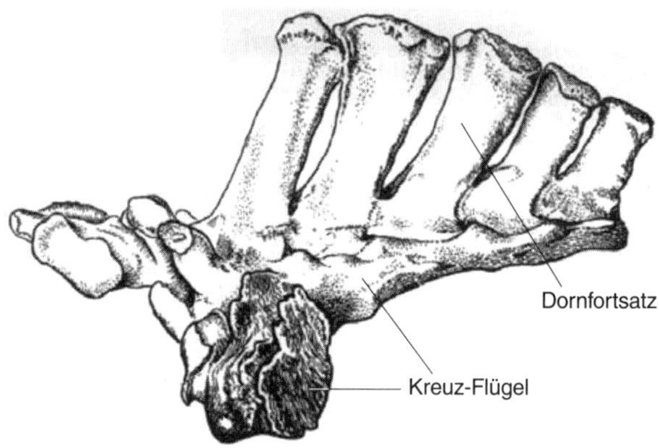

Abb. 15: Kreuzbein des Pferdes (nach Schummer, Nickel, Seiferle, 1954)
Die Kreuzwirbel sind miteinander verwachsen

Schwanzwirbel

An der Schwanzwurzel haben die Wirbel noch die typische Gestalt, die sich dann mehr und mehr verliert.

Rippen

Bei den niederen Tieren sind sie entlang des gesamten Körpers ausgebildet, während bei den Haussäugern eine Reduktion stattgefunden hat. Die Rippen finden sich in der seitlichen Brust- und Bauchwand (kranialer Teil).

An den Rippen unterscheiden wir proximal das Rippenköpfchen sowie einen kleinen Rippenhöcker. Beides artikuliert mit der Brustwirbelsäule. Distal geht die Rippe in den Rippenknorpel über.

Brustbein

Das Brustbein besteht aus mehreren Untereinheiten, die im Laufe der Entwicklung miteinander verknöchern. Kaudal liegt ein platter Knorpel, der Schaufelknorpel. Paramedian artikuliert das Brustbein mit den Rippenknorpeln.

2.1.2 Knochen der Gliedmaßen

Die Gliedmaßen besitzen einen vergleichbaren Aufbau, der sich in den verschiedenen Gliedmaßenetagen widerspiegelt.

Proximal liegt der Gliedmaßengürtel, welcher sich vorn und hinten entwicklungsgeschichtlich aus drei Knochen zusammengesetzt hat.

An der Schultergliedmaße spricht man vom Schultergürtel, an der Beckengliedmaße vom Beckengürtel. Während der Beckengürtel unter Einbeziehung des Kreuzbeins einen geschlossenen Ring darstellt, ist der Schultergürtel dorsal offen.

Der Schultergürtel besteht aus dem Schulterblatt, dem Schlüsselbein und dem Rabenschnabelbein, der Beckengürtel aus dem Darm-, Scham- und Sitzbein. Der Schultergürtel hat eine Reduktion bei den Säugern erfahren. Das Schlüsselbein ist nur noch bei den Fleischfressern vorhanden, das Rabenschnabelbein auf einen kleinen Knochenfortsatz reduziert.

Distal schließt sich der Gliedmaßenstiel, bestehend aus Oberarmbein (vorn) und Oberschenkelbein (hinten) sowie das Gliedmaßenjoch, bestehend aus einem Knochenpaar, Elle und Speiche (vorn) sowie Wadenbein und Schienbein (hinten) an.

Die Gliedmaßenspitze umfasst die Vorder- bzw. Hinterfußwurzel, die Mittelfußknochen und die Zehen. Hinsichtlich der Anordnung und Ausbildung der Gliedmaßenabschnitte bestehen tierartliche Unterschiede.

Bei Kriechtieren stehen die Gliedmaßen horizontal ab, während bei den Haussäugern die Gliedmaßen eng am Körper anliegen.

Weitere Unterschiede im Gliedmaßenaufbau ergeben sich aus der Fußungsfläche. Diese hat auf die Schnelligkeit der Bewegung einen Einfluss. Gemeint ist das Aufrichten von der Sohle auf die Zehe bzw. Zehenspitze. Dies geht einher mit der Reduktion der Zehen. So läuft das Pferd auf der 3. Zehe, die Paarhufer auf der 3. und 4. Zehe, die Fleischfresser nutzen die Zehen 1 - 5.

2.1.2.1 Knochen der Schultergliedmaße

Schulterblatt

Das Schulterblatt ist ein flacher, dreieckiger Knochen, der an der Brust hoch dorsal anliegt. Die Spitze des Dreiecks zeigt distal und bildet den Übergang zum Oberarm.

Lateral wird die Schulterblattfläche durch eine tierartlich unterschiedlich ausgeprägte Schulterblattgräte in zwei Grätengruben unterteilt. Distal verjüngt sich die Fläche zu einem runden Hals. Distal des Halses befindet sich die Gelenkpfanne, die mit dem Oberarmbeim artikuliert. Wirbelseitig liegt ein breiter Schulterblattknorpel (außer Katze, hier liegt nur ein schmaler Streifen vom Knorpel).

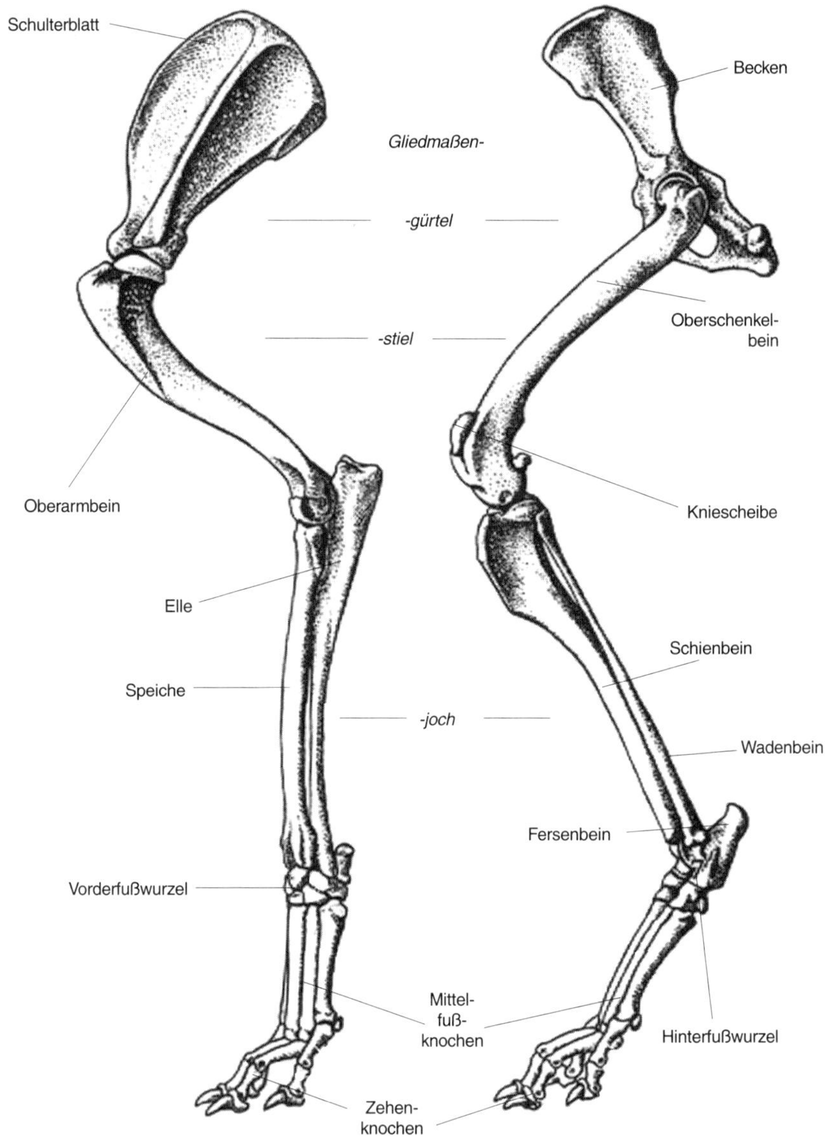

Abb. 16: *Aufbau einer Vorder- undHintergliedmaße nach Nickel, Schummer, Seiferle 1954)*

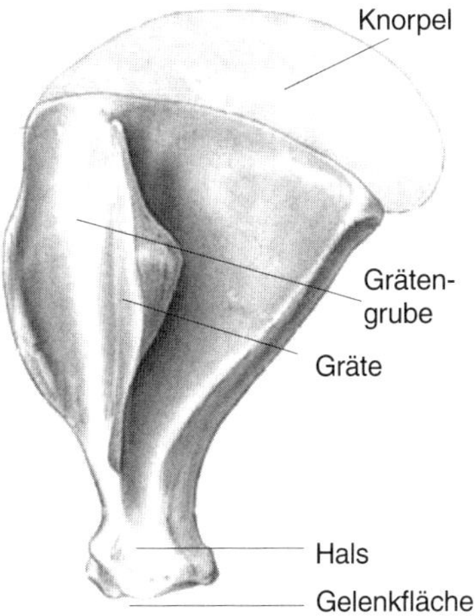

Abb. 17:
Schulterblatt eines Schweins (nach Koch, Berg 1992)

Oberarmbein

Das Oberarmbein stellt einen starken, langen Knochen dar. Proximal liegt ein mächtiger Gelenkkopf, der sich durch einen Hals von der Diaphyse absetzt. An der Diaphyse befinden sich mehrere Knochenhöcker. Distal geht die Diaphyse in eine Gelenkrolle über. Seitlich liegen Bandhöcker sowie je ein Muskelknochen, der eine tiefe Grube begrenzt.

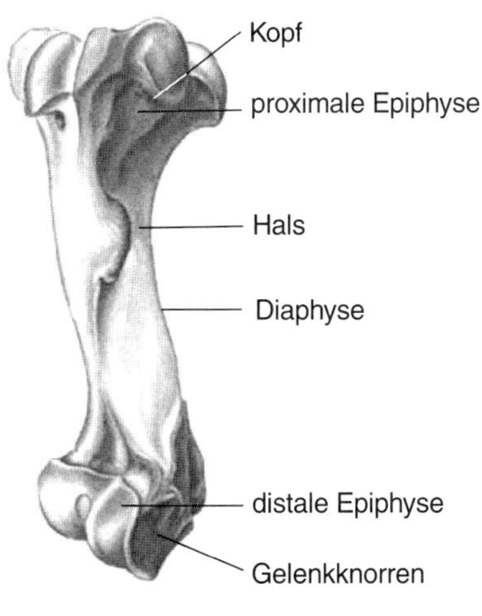

Abb. 18:
Oberarmbein eines Pferdes (nach Koch, Berg 1992)

Unterarmknochen

Sie sind paarig angelegt. Die Speiche ist ein langer stabförmiger Knochen, der mit einem proximalen Speicherknöpfchen und einer distalen Speicherwalze versehen ist.

Die Elle überragt die Speiche, sie bildet proximal einen schnabelartigen Fortsatz, der kaudal in den Ellenbogenhöcker übergeht.

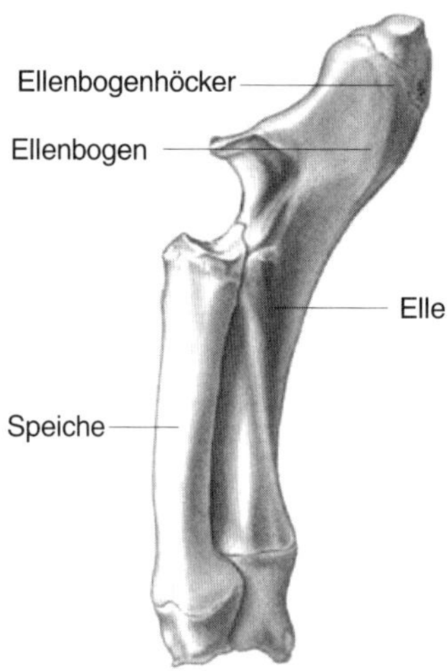

Abb. 19:
Elle und Speiche eines Schweines (nach Koch, Berg 1992)

Vorderfußskelett

Das Vorderfußskelett umfasst die Vorderfußwurzelknochen, die Mittelfußknochen und die Zehenknochen. Erstere bestehen aus zwei Reihen kleiner kompakter Knochen.

Die Mittelfußknochen bestehen aus maximal fünf Knochenstücken (Fleischfresser). Die anderen Tiere haben eine Reduktion der Zehenzahl und damit der Zahl der Mittelfußknochen erfahren.

Zehenknochen

Ihre ursprüngliche Zahl war 5. Die am weitesten medial gelagerte Zehe wird als Daumen bezeichnet. Jede der Zehen (außerhalb der Daumen) besteht aus 3 Zehenknochen (Phalanxen). Proximal liegt die Grundphalanx, Phalanx I oder das Fesselbein, in der Mitte liegt die Mittelphalanx, Phalanx II oder das Kronbein, distal liegt die Endphalanx, Phalanx III oder das Hufbein (Pferd), Klauenbein (Klauentiere) oder Krallenbein (Fleischfresser).

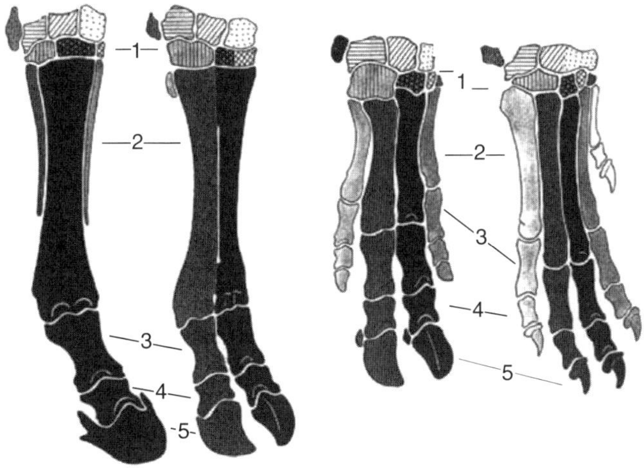

Abb. 20: *Zehenknochen beim Pferd, Rind, Schwein und Hund (von links nach rechts) (nach Koch, Berg 1992)*
1 = Vorderfußwurzel; 2 = Mittelfußknochen; 3 = Fesselbein; 4 = Kronbein; 5 = Huf-/Klauen-/Krallenbein
Proximal liegen Elle und Speiche. Distal schließt sich eine Doppelreihe Fußwurzelknochen an. Augenfällig ist die Zahl der Mittelfußknochen. Beim Pferd ist der 3. Mittelfußknochen der Hauptmittelfußknochen, beim Rind und Schwein die Mittelfußknochen 3 und 4, während beim Hund alle 5 Zehen ausgebildet sind.

Das Fesselbein ist der größte, annähernd zylindrische Knochen, das Kronbein fast quadratisch im Umriss. Das Hufbein hat einen halbmondförmigen Grundriss. Proximal liegt auf der Dorsalseite der Streckfortsatz zum Ansatz der Strecksehne. Palmar laufen die Hufbeinäste lateral und medial aus.

Beim Paarhufer - sie laufen auf der Zehe 3 und 4 - sind dies die Hauptzehen. Sie sind am besten entwickelt, die Knochen von Zehe 2 und 4 sind dagegen kürzer, meist nur zweigliedrig. Das Klauenbein hat die Form der Wiederkäuerklauen. Auch hier gibt es eine Sohlenfläche, den Kronrand und den dorsalen Streckfortsatz.

Beim Fleischfresser sind alle 5 Zehen erhalten, der Daumen ist zweigliedrig. Das Krallenbein stellt einen seitlich zusammengedrückten palmar abgebogenen Haken dar.

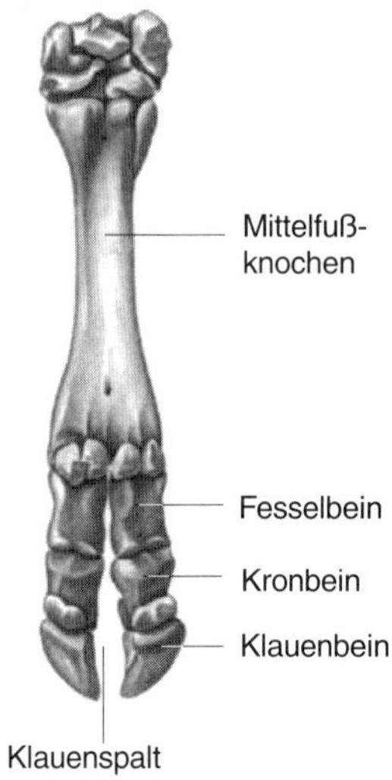

Abb. 21:
Zehen des Rindes
(nach Koch, Berg 1992)

Abb. 22:
Zehenknochen des Pferdes
(nach Koch, Berg 1992)

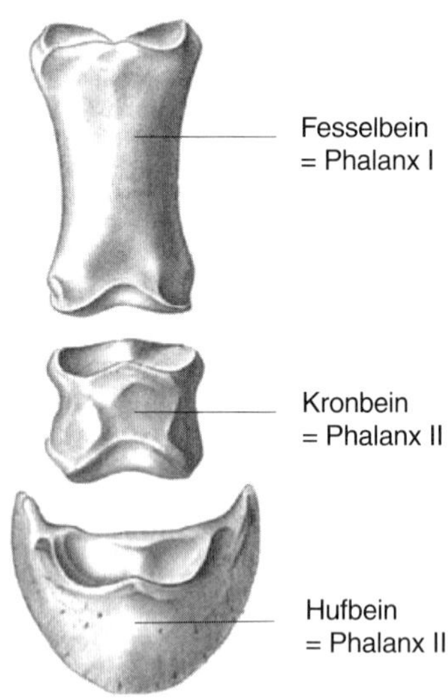

2.1.2.2 Knochen der Beckengliedmaße

Becken

Der Beckengürtel besteht aus den beiden Hüftbeinen, die ventromedian den Beckenboden bilden. In der Medianebene liegt die Beckensymphyse. Jedes Hüftbein besteht aus dem

- Darmbein
- Schambein
- Sitzbein.

Das Darmbein besitzt kraniolateral eine Platte, den Darmbeinflügel. Der Kranialrand dieses Flügels wird als Darmbeinkamm bezeichnet. Dieser verbindet den gut palpierbaren, lateral gelegenen Hüfthöcker und den paramedian gelegenen Kreuzhöcker. Kaudal läuft der Darmbeinflügel in der schlanken Darmbeinsäule aus, deren Fortsatz der Pfannenkamm darstellt.

Das Schambein besteht aus einem Körper, dem querliegenden Pfannenast und dem paramedian gelegenen Fugenast.

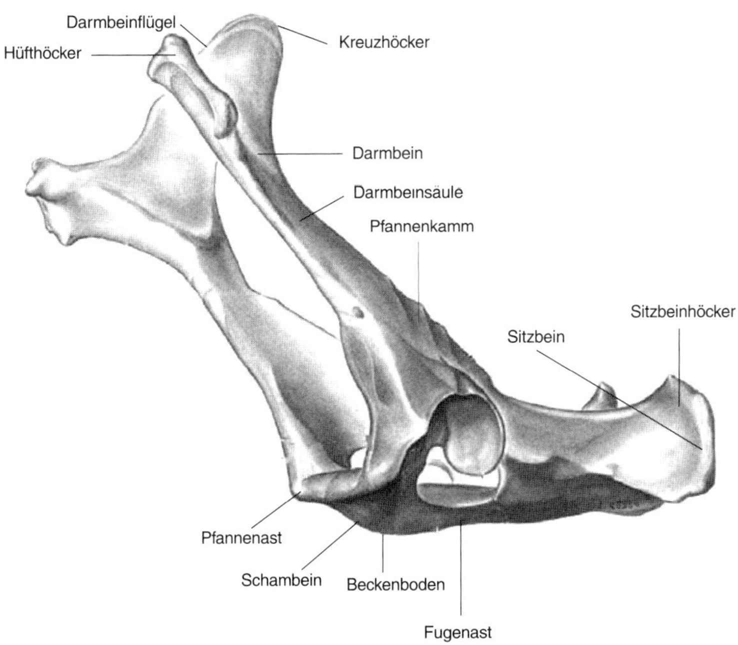

Abb. 23: Becken des Pferdes (nach Koch, Berg, 1992)

Das Sitzbein stellt die kaudale Fortsetzung des Pfannenkammes dar. Kaudal des Pfannenkammes liegt der Köper, der in einem dorsalen Sitzbeinhöcker ausläuft. Zwischen den beiden Sitzbeinhöckern befindet sich der Sitzbeinausschnitt.

Oberschenkelknochen

Proximal imponiert ein großer Umdreher, ein Muskelansatz, der den Kopf bei Rind und Pferd überragt. Unterhalb des Kopfes befinden sich noch weitere zwei Umdreher. Die Diaphyse ist kräftig, distal liegen zwei Gelenkknorren. Kranial liegt die Kniescheibenrolle mit den Rollkämmen.

Unterschenkelknochen

Sie bestehen aus Wadenbein und Schienbein. Beide stellen schlanke Knochenstücke dar, wobei das Schienbein kräftiger ist. Das Wadenbein ist tierartlich unterschiedlicher Rückbildung unterworfen.

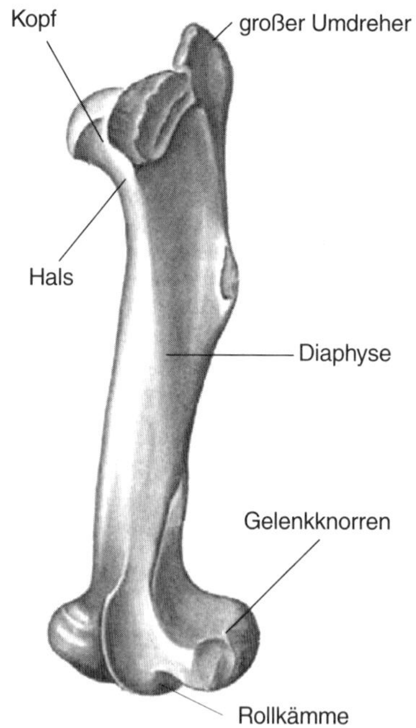

Abb. 24:
Oberschenkelbein eines Pferdes (nach Koch, Berg 1992)

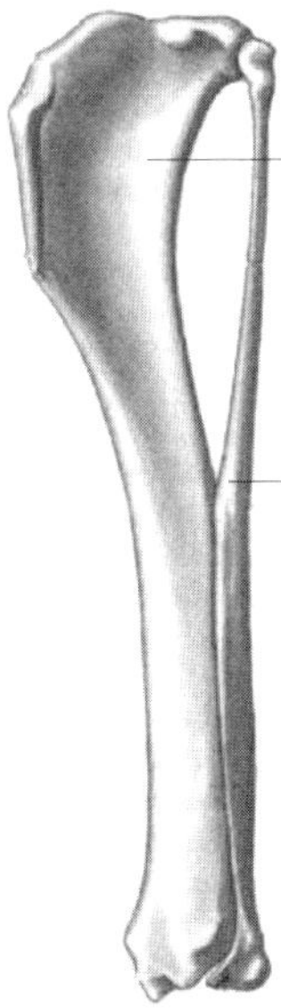

Abb. 25:
Unterschenkelknochen des Hundes (nach Koch, Berg 1992)

Hinterfußskelett

Der grundsätzliche Aufbau ist mit den Vorderfußknochen annähernd vergleichbar. Die Fußwurzel besteht aus 3 Reihen. In der proximalen Reihe liegen das Rollbein und das Fersenbein. Die mittlere und distale Reihe besteht aus kleinen kurzen Knochen.

Das Fersenbein hat eine prismatische Gestalt, proximal läuft es im Fersenbeinhöcker aus.

Hinsichtlich der Zehenknochen wird auf das entsprechende Kapitel der Vordergliedmaße verwiesen.

2.1.3 Knochen des Kopfes

Das Kopfskelett oder der Schädel umfasst mehrere unterschiedliche Teile mit teilweise unterschiedlicher entwicklungsgeschichtlicher Herkunft. Die die Schädelhöhle umgebenden Knochen werden als Hirnschädel, die Knochen der Nasenkapsel, der Unterkiefer und das Zungenbein werden zum Gesichtsschädel zusammengefasst.

Der Hirnschädel ist die Fortsetzung der knöchernen Hülle des Rückenmarks, der Gesichtsschädel entwickelt sich aus dem Stützsystem des Atmungs- und Verdauungsapparates.

Knochen des Hirnschädels

Zum Hirnschädel gehören das Hinterhauptsbein, das Keil-, Sieb- und Zwischenscheitelbein. Paarig angelegt sind das Stirn-, Scheitel- und Schläfenbein.

Die meisten Knochen besitzen eine innere und äußere Kompakta, zwischen der Spongiosa, Knochenmark oder auch Nasenschleimhaut liegen kann.

Hinterhauptsbein

Das Hinterhauptsbein bildet die Nackenwand des Schädels, den kaudalen Abschluss der Hirnhöhle sowie den kaudalen Abschluss des Schädels überhaupt.

Eine runde Öffnung in der Nackenwand stellt eine Kommunikation zwischen Wirbelkanal und Hirnhöhle dar. Paramedian liegen die beiden Gelenkknorren, die mit dem Atlas artikulieren. Lateral von diesen liegen beiderseits die Drosselfortsätze.

Zwischenscheitelbein

Das Zwischenscheitelbein liegt rostral und median am Hinterhauptsbein.

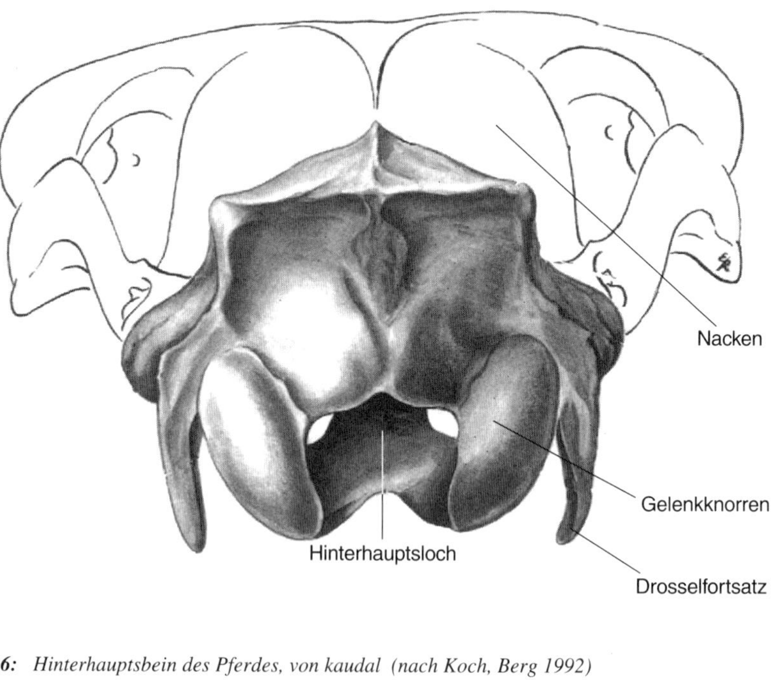

Abb. 26: *Hinterhauptsbein des Pferdes, von kaudal (nach Koch, Berg 1992)*

Keilbein

Basal, auf dem "Boden" der Schädelhöhle, liegt das Keilbein. Es ist an der Bildung der Schädelbasis beteiligt. Das Keilbein besteht aus 2 Anteilen, die synchondrotisch miteinander verbunden sind. Rostral sind zwei Flügel ausgebildet. Im Körper des Keilbeines liegt die Keilbeinhöhle. Dorsal liegt die Hypophysengrube zur Aufnahme der Hirnanhangdrüse.

Schläfenbein

Es stellt den basolateralen Abschnitt der Schädelhöhle dar und ist aus zwei entwicklungsgeschichtlich unterschiedlichen Teilen - der Felsenbeinpyramide und der Felsenbeinschuppe - zusammengesetzt.

Die Felsenbeinpyramide besteht aus dem Felsenteil, er umgibt das Innenohr und ist der Schädelhöhle zugewandt und damit an der Bildung der Schädelhöhle beteiligt, dem Warzenteil, welcher den Zungenbeinansatz bildet, und dem Paukenteil, welcher die Paukenhöhle des Mittelohres enthält. Oromedial von der Paukenhöhle liegt die Eustachische Röhre, eine knöcherne Verbindung, die das Mittelohr mit dem Rachen verbindet.

Scheitelbein

Das Scheitelbein ist ein paariger Knochen, er liegt zwischen Stirn- und Hinterhauptsbein.

Stirnbein

Das Stinbein bildet tierartlich unterschiedlich die Stirn, mit seinen Seitenflächen bildet es mit die Augenhöhle. Ein langer Jochfortsatz ist an der Bildung des Jochbogens beteiligt.

Beim Rind geht das Stirnbein am weitesten kaudal, so daß es die Hornfortsätze bildet. Das Stirnbein bildet die Stirnhöhle, die sich beim Rind hin zu den Hornansätzen ausdehnt.

Siebbein

Das Siebbein ist die Grenze zwischen Hirn- und Nasenhöhle. Eine quergestellte Knochenplatte (Siebbeinplatte) stellt die Grenze zwischen beiden Höhlen dar. Die Siebbeinplatte besitzt viele Löcher zum Durchtritt von Nerven.

Knochen des Gesichtsschädels

Zum Gesichtsschädel zählen folgende Knochen: das Nasen-, Tränen-, Oberkiefer-, Zwischenkiefer-, Rüssel-, Gaumen-, Joch-, Pflugschar- und Zungenbein. Auch die Nasenmuscheln zählen zum Gesichtsschädel.

Das Pflugscharbein

Dieser Knochen liegt im Nasenhöhlenboden und bildet die Anheftung für die Nasenscheidewand.

Das Nasenbein

Es stellt äußerlich die rostrale Fortsetzung der Stirn dar. Der paarige Knochen bildet den Nasenrücken.

Tränenbein

Es bildet den nasalen Teil der Augenhöhle und grenzt an das Jochbein, den Oberkiefer. Die Innenseite des Knochens enthält den Tränennasengang.

Oberkiefer

Er stellt den größten Gesichtsknochen dar. Zwischen der Innen- und Außenfläche liegt die Kieferhöhle. Der Oberkiefer beteiligt sich mit dem Gaumenfortsatz an der Bildung des Mundhöhlendaches bzw. des Nasenhöhlenbeckens. Der Alveolarfortsatz enthält die Zahnfächer zur Aufnahme des Gebisses.

Zwischenkieferbein

Es stellt einen paarigen Knochen dar, der bei den Haussäugern selbständig ist. Im Alveolarfortsatz liegen die Zahnfächer für die Schneidezähne.

Rüsselbein

Es ist ein kleiner Knochen beim Schwein, ggf. beim Rind, der die Nase stabilisiert.

Gaumenbein

Es bildet mit seiner horizontalen Platte den kaudalen Abschluss des Mundhöhlendaches. Oral stößt die Horizontalplatte an den Gaumenfortsatz des Oberkiefers. Aboral endet die Horizontalplatte mit dem Übergang zur Rachenhöhle. Diesen Übergang stellen die Choanen dar.

Jochbein

Es ist an der Bildung des Jochbogens beteiligt (über dem Schläfenfortsatz). Dieser Knochenbogen bildet die ventrale Begrenzung der Augenhöhle.

Unterkiefer

Er besteht aus dem zahntragenden Körper und einem annähernd rechtwinklig angeordneten, dorsal gerichteten Unterkieferast. Beide Unterkieferhälften sind im Kinnwinkel synchondrotisch miteinander verbunden. Der Unterkieferkörper trägt dorsal die Zahnfächer für die Schneide- und Backenzähne. Beim Rind und Pferd liegt zwischen den Schneide- und Backenzähnen ein zahnfreier Rand, das Diastema oder Lade.

Der Unterkieferast trägt proximal eine Gelenkfläche, die mit dem Schläfenbein das Kiefergelenk bildet.

Zungenbein

Es besteht aus mehreren hintereinandergelegten Knochenstäbchen. Es liegt zwischen den Unterkieferästen und verbindet sich mit dem Schläfenbein, dem Zungengrund und dem Kehlkopf.

2.1.3.1 Beschreibung des Schädels als Ganzes

Nachdem die einzelnen Knochen besprochen wurden, rückt der Schädel als Ganzes, mit seiner Höhlenformation in den Mittelpunkt. Die kaudale Begrenzung des Schädels stellt das Hinterhauptbein dar. Die beiden Gelenkknorren sind an der Bildung des Gelenkes zwischen Hinterhauptsbein und Atlas beteiligt.

An der Grenze zwischen Schädelbasis und Nackenwand liegt das Hinterhauptsloch zum Durchtritt des Rückenmarks.

Die Stirnfläche oder Dachfläche wird gebildet durch das Stirnbein, das Zwischenscheitelbein und einen schmalen Anteil des Hinterhauptsbeines sowie das Scheitelbein. Oral setzt sich die Stirnfläche fort im Nasenrücken, welcher von den Nasenbeinen gebildet wird.

Die Seitenflächen zeigen eine starke Gliederung. Kaudal liegt die Schläfengrube, die von dem Schläfenbein, dem Scheitelbein und seitwärts von Teilen des Keilbeines gebildet wird.

Weiterhin sind die knöchernen Teile des Gehörganges sichtbar. Er gehört zur Felsenbeinpyramide.

Der Jochbogen - er setzt sich aus dem Schläfenfortsatz des Jochbeines und dem Jochfortsatz des Schläfenbeines zusammen - bildet die ventrale Begrenzung der knöchernen Augenhöhle. Die ventrale Begrenzung ist ein Knochensteg des Stirnbeines sowie das Tränenbein. Die Augenhöhle selbst wird gebildet durch Teile des Stirnbeines, des Tränenbeines und die Flügel des Keilbeines. Die Seitenfläche des Gesichtsschädels wird dargestellt durch den Oberkiefer und das Tränenbein.

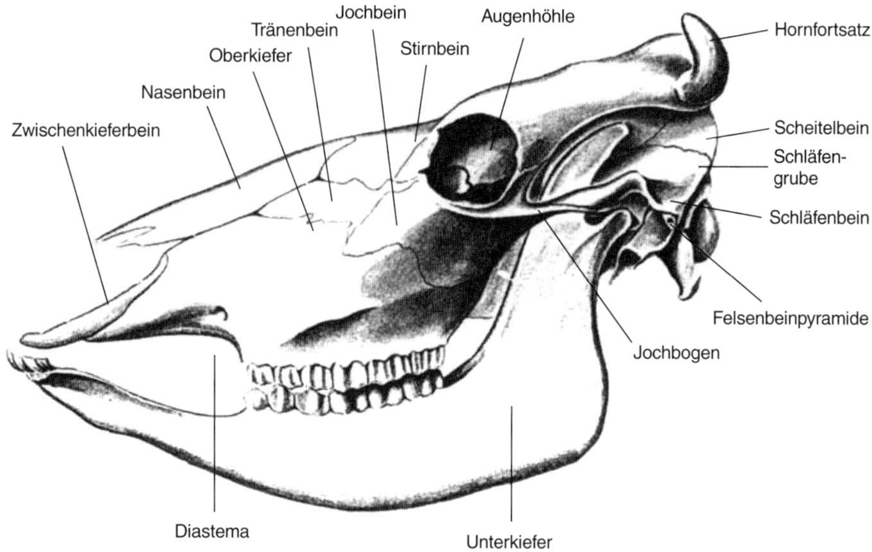

Abb. 27: Rinderschädel, laterale Ansicht (nach Koch, Berg 1992

Die Schädelbasis erstreckt sich von den beiden Gelenkknorren des Hinterhauptsbeines bis zur Siebbeinplatte.

Das Mundhöhlendach erstreckt sich von den Choanen bis zum Zwischenkieferbein. Es wird hauptsächlich durch das Gaumenbein und die Horizontalplatte des Oberkiefers gebildet. Der Zahnfortsatz des Oberkiefers und der des Zwischenkieferbeines tragen die Zahnfächer für die Oberkieferzähne.

Höhlen des Schädels

Nachdem die Besprechung der äußeren Form des Kopfes erfolgte, schließt sich nunmehr die Beschreibung der inneren Verhältnisse an. Der Kopfschädel besitzt zwei große Höhlen, die Schädelhöhle und die Nasenhöhle.

Die Schädelhöhle stellt die Höhlenformation zur Aufnahme des Gehirns dar. Der nackenseitige Abschluss ist das Hinterhauptsbein. Das Dach der Schädelhöhle wird durch das Stirnbein und teilweise durch das Hinterhauptsbein und das Zwischenscheitelbein gebildet. Nasenseitig stellt die Siebbeinwand den Abschluss der Hirnhöhle dar. Die seitliche Begrenzung erfolgt durch die Felsenbeinpyramide und durch Teile des Keilbeines.

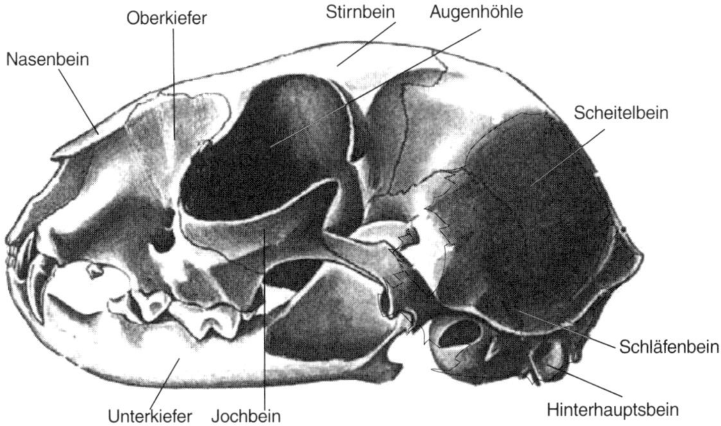

Abb. 28: *Schädel einer Katze (nach Koch, Berg 1992)*

Die Schädelbasis verläuft vom Hinterhauptsloch bis zur Siebbeinplatte. Rostral bildet das Keilbein, kaudal das Hinterhauptsbein die knöcherne Grundlage für die Schädelbasis. Seitlich liegt die Felsenbeinpyramide. Im Keilbeinkörper liegt die Hypophysengrube.

Nasenhöhle

Sie wird dorsal durch den Nasenrücken, der durch die Nasenbeine gebildet wird, abgegrenzt. Kaudaler Abschluss ist die Siebbeinplatte; der Boden der Nasenhöhle wird durch das Gaumenbein und den Oberkiefer gebildet. In der Medianebene liegt die Nasenscheidewand. Apikal ist die Nasenhöhle offen.

Nasennebenhöhlen

Dies sind unregelmäßig geformte Hohlräume, die durch das Auseinanderweiten der beiden kompakten Knochenplatten bei pneumatisierten Knochen entstehen. Sie sind mit Nasenschleimhaut ausgekleidet. Zu den Nasennebenhöhlen zählen die Kieferhöhle, die Stirnhöhle, die Gaumenhöhle, die Keilbeinhöhle und die Tränenbeinhöhle.

Hinsichtlich der Kommunikation und der Anordnung der Nasennebenhöhlen gibt es tierartliche Unterschiede. Beim Pferd sind alle Höhlen hintereinander geschaltet. Sie gruppieren sich um die beiden Kieferhöhlen, die wiederum mit der Nasenhöhle kommunizieren. Beim Wiederkäuer sind Nasenhöhle, Kiefer-, Tränenbein- und Gaumenhöhle hintereinander geschaltet. Die Stirnhöhle und die Keilbeinhöhle sind Anhänge der Siebbeingänge.

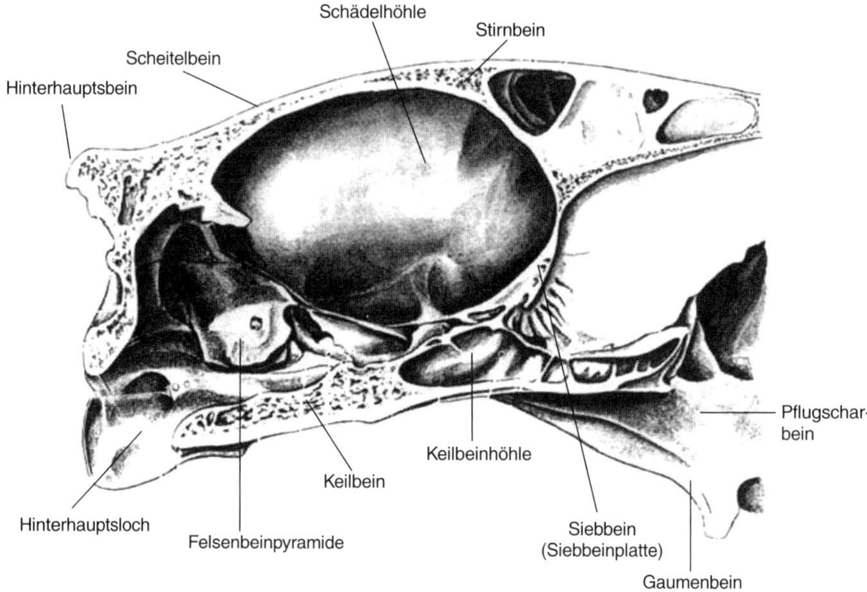

Abb. 29: *Schädelhöhle beim Pferd (nach Koch, Berg 1992)*

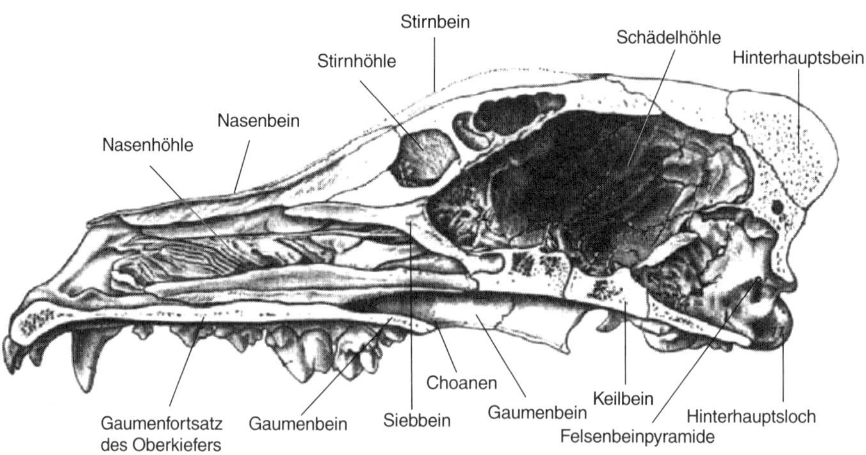

Abb. 30: *Paramedianschnitt durch den Schädel eines Hundes nach Schummer, Nickel, Seiferle 1954*

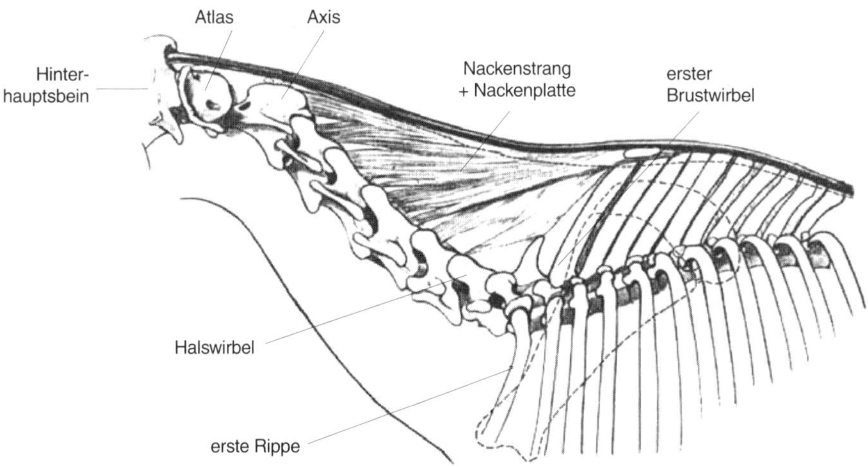

Abb. 31: *Gelenke und Bänder der Halswirbelsäule (Pferd) (nach Schummer, Nickel, Seiferle, 1954)*

2.2 Gelenk- und Bänderlehre

2.2.1 Gelenke und Bänder des Rumpfes

2.2.1.1 Erstes Kopfgelenk

Das erste Kopfgelenk wird gebildet durch die Gelenkknorren des Hinterhauptsbeines und die kranialen Gelenkflächen des Atlas.

2.2.1.2 Zweites Kopfgelenk

Atlas und Axis bilden das zweite Kopfgelenk. Der Axis besitzt kranial einen zahnartigen Fortsatz, der mit der kaudalen Gelenkgrube des Atlas artikuliert.

Bei beiden Gelenken treten Kollateralbänder auf. Dorsal und ventral sind die Gelenkkapseln durch Bandmassen verstärkt.

2.2.1.3 Gelenke der Wirbelsäule

Zwischen den Wirbeln (außer den ersten beiden Kopfgelenken) liegen Zwischenwirbelscheiben. Die Wirbel artikulieren über Gelenkfortsätze miteinander. Zwischen den Wirbeln liegen Bänder, die die Dornfortsätze, die Querfortsätze und die Wirbelbögen verbinden. Dorsal der Halswirbelsäule liegt das Nackenband, welches vom Hinterhauptsbein kommt und an der Brustwirbelsäule sich befestigt.

Verbindungen der Rippen

Die Rippen-Wirbelgelenke setzen sich aus dem Rippenköpfchengelenk und dem Rippenhöckerchengelenk zusammen. Das Rippenköpfchen artikuliert mit den Gelenkflächen zweier benachbarter Wirbel, während das Rippenhöckerchen mit dem Querfortsatz des gleichzähligen Wirbels eine Verbindung eingeht. Es kommen mehrere kurze Bänder vor. Distal verbinden die Rippen sich direkt mit dem Brustbein (nur kranialer Teil). Weiter kaudal ist in der Rippen-Brustbein-Verbindung eine Knorpelbrücke eingeschaltet.

Die Rippen-Brustbeingelenke stellen straffe Gelenke dar.

2.2.2 Gelenke und Bänder der Schultergliedmaße

Die Schultergliedmaße ist mit dem Rumpf synsarkotisch verbunden. Dadurch kann die Last des Körpers elastisch abgefangen werden.

Schultergelenk

Das Schulter- oder Buggelenk wird durch das Schulterblatt und den Kopf des Oberarmbeins gebildet. Die Gelenkkapsel ist weit, Bänder fehlen, deren Führungsfunktion wird von den Endsehnen der Schulterblattmuskeln übernommen.

Ellenbogengelenk

Die distale Epiphyse des Oberarmbeins und die proximalen Gelenkflächen von Elle und Speiche stellen das Ellenbogengelenk dar. Sowohl medial als auch lateral kommen Kollateralbänder vor. Es sind Streck- und Beugebewegungen möglich.

Verbindung von Elle und Speiche

Beim Fleischfresser ist diese Verbindung noch gelenkig. Dreh- und Greifbewegung (Klettern!) sind möglich. Bei den anderen Tieren ist die Beweglichkeit nicht mehr gegeben, teilweise ist die Verbindung verknöchert.

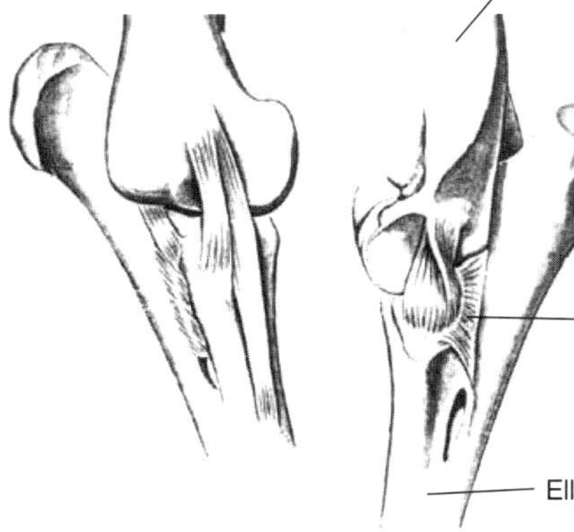

Abb. 32:
Ellenbogengelenk beim Pferd (nach Koch, Berg 1992) Man beachte die seitlichen Bänder

Vorderfußwandgelenke

Die Handwurzel besteht aus 3 Gelenkabschnitten: Proximal verbindet sich Elle und Speiche mit der proximalen Reihe der Vorderfußwurzelknochen. Dieses Gelenk ist gut beweglich, beim Fleischfresser sind aufgrund der pfannenartigen Aushöhlung der Speichengelenksfläche auch kreisende Bewegungen möglich.

Distal folgt die Verbindung zwischen den Vorderfußwurzelknochen, die Beweglichkeit ist geringer als die der ersten Verbindung. Es folgt das Vorderfußwurzel-Mittelfußwurzelgelenk, welches ein straffes Gelenk darstellt und Stoßdämpferfunktion hat. Mehrere Kollateralbänder und Palmarbänder verstärken das Gelenk.

Zehengelenke

Das Fesselgelenk verbindet die Fußwurzelknochen mit dem Fesselbein. Palmar treten Sesambeine auf. Der Gelenksack besitzt eine palmare und dorsale proximale Ausbuchtung. Die Sesambeine sind über mehrere Bänder befestigt. Zur Verstärkung der Gelenkkapsel treten Kollateralbänder auf.

Das Krongelenk liegt zwischen Fesselbein und Kronbein. Der Gelenksack besitzt eine dorsale proximale und palmare Ausbuchtung. Seitliche Bänder verstärken die Gelenkkapsel.

Das Hufgelenk dehnt sich zwischen Kronbein und Huf(Klauen-, Krallen-)bein aus. dorsal setzt die Strecksehne palmar die tiefe Beugesehne an.

Bei Fleischfressern treten Dorsalbänder auf. Sie haben die Aufgabe, das Krallenbein so hochzuhalten, daß es sich an das Kronbein anlegt (Einziehen der Krallen).

Abb. 33:
Hufgelenk beim Pferd
(nach Koch, Berg 1992)
Mannigfaltige Hufbänder dienen
der Gurtung des Gelenkes

2.2.3 Gelenke und Bänder der Beckengliedmaße

Die Verbindung der Beckengliedmaße mit dem Rumpf

Im Gegensatz zur Brustgliedmaße ist ein vollständiger Beckengürtel vorhanden, der innig mit dem Rumpf verbunden ist. Der Beckengürtel besteht aus den beiden Hüftbeinen ohne Kreuzbein und den ersten Schwanzwirbeln. Die drei Anteile des Hüftbeines (Darm-, Sitz-, Schambein) verwachsen synostotisch miteinander. Die Hüftbeine untereinander bilden die Beckensymphyse, die in jungen Jahren knorpelig ist und später verknöchert. Die Verbindung der Hüftknochen mit dem Kreuzbein erfolgt über das Kreuz-Darmbein-Gelenk. Es stellt ein straffes Gelenk dar. Die Gelenkkapsel ist eng, die Beweglichkeit gering. Das Gelenk fungiert als Überträger der Kraft der Beckengliedmaße auf den Rumpf sowie als Stoßdämpfer. Neben mehreren kurzen Bändern ist eine größere Bandmasse von Bedeutung. Sie zieht von der Seite des Kreuzbeines zur gesamten Länge des Pfannenkammes. Dieses breite Beckenband stellt die dorsallaterale Begrenzung der Beckenhöhle dar. Der Katze fehlt das Band, beim Hund hat es eine strangartige Struktur.

Hüftgelenk

Die Beckenpfanne und der Oberschenkelkopf bilden das Hüftgelenk. Die Gelenkkapsel ist geräumig. Vom Oberschenkelkopf zieht ein drehrundes Band zur Bandgrube der Beckenpfanne. Die Beweglichkeit des Gelenkes ist groß, sie wird jedoch eingeschränkt durch die umliegende Muskulatur. Es sind nur Beugung und Streckung möglich. Beim Fleischfresser ist die Beweglichkeit größer.

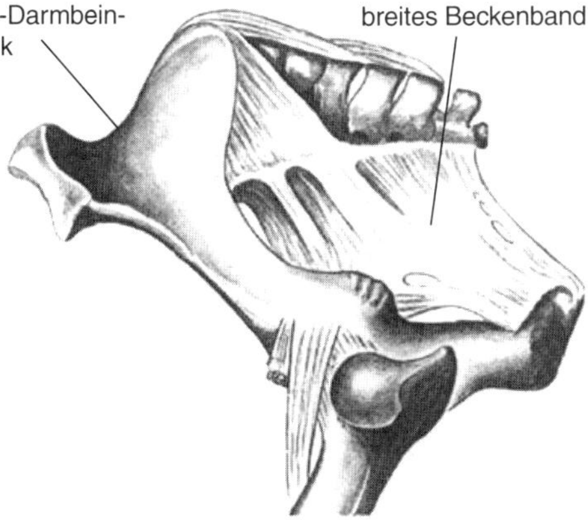

Abb. 34:
Beckenbänder des Pferdes
Man beachte das breite Beckenband, welches das Dach der Beckenhöhle bildet (nach Koch, Berg 1992)

Kniegelenk

Das Kniegelenk ist in seiner Struktur aus mehreren Gelenken zusammengesetzt, nämlich aus dem Kniekehlgelenk und dem Kniescheibengelenk.

Kniekehlgelenk

Es dient der Artikulation der Oberschenkelbeinknorren mit dem Schienbein. Die Gelenkflächen passen nicht zueinander, daher liegen zwischen dem Knochen Knorpelscheiben, sog. Menisci (Singular: Meniscus). Die Menisci bestehen aus Faserknorpel.

Der Gelenksack ist weit, wobei er sich mit den Außenflächen der Menisci verbindet. Es wird ein gemeinsamer Gelenksack für beide Gelenkknorren des Oberschenkelbeines gebildet, die Synovialis bildet dagegen für jeden Gelenkknorren einen eigenen Sack.

Die beiden Synovialsäcke kommunizieren beim Pferd selten, beim Wiederkäuer meist und stets bei den Fleischfressern.

Zwischen den beiden Synovialsäcken liegen die gekreuzten Bänder, zwei Bandmassen zur Stabilisierung der Menisci. Das Gelenk wird durch Kollateralbänder unterstützt.

Kniescheibengelenk

Es wird durch den Rollkamm des Oberschenkels und der Kniescheibe gebildet. Die Gelenkkapsel verbindet sich mit der des Kniekehlgelenks, beim Pferd kommuniziert der mediale Synovialsack des Kniekehlgelenks mit dem Kniescheibengelenk.

Kniescheibenseitenbänder stabilisieren das Gelenk. Bei Pferd und Rind gibt es drei Kniescheibenbänder, die als Endsehne des vierköpfigen Muskels anzusehen sind.

Die Verbindung zwischen Schien- und Wadenbein

Diese Verbindung besteht aus einem proximalen und einem distalen Anteil. Das Gelenk ist mit bestimmten Ausnahmen (Rind, Pferd) ein straffes Gelenk.

Sprunggelenk

Dieses Gelenk besteht, ähnlich wie das Vorderfußwurzelgelenk, aus mehreren Abschnitten - dem Rollgelenk zwischen den Unterschenkelknochen und dem Rollbein, zwei Zwischenreihengelenken, Nachbargelenken zwischen Knochen einer jeden Reihe und dem Hinterfußwurzel-Mittelfußgelenk.

Das Rollgelenk stellt ein Schraubengelenk dar und liefert den größten Beitrag in der Beweglichkeit des Sprunggelenks. Die anderen Gelenke sind straffe Gelenke. Gelenkbänder sind als lange Bänder zur Verbindung von Knochen mehrerer Reihen oder als kurze Bänder zur Verbindung benachbarter Knochen innerhalb einer jeden Reihe ausgeprägt.

2.2.4 Gelenke am Kopf

Die Schädelknochen sind über Nähte miteinander verbunden. In der Embryonalentwicklung liegen die Nähte als Bindegewebsplatten, die sich aus den verschiedenen Ossifikationskernen der platten Knochen entwickeln, vor. Die Faseranteile nehmen im Laufe der Entwicklung ab und die Nähte verknöchern.

Kiefergelenk

Das Kiefergelenk wird vom Unterkiefer und der Gelenkfläche des Schläfenbeins gebildet. Zwischen beiden Gelenkflächen liegt ein Meniskus.

Zungenbeingelenke

Das Zungenbein besteht aus verschiedenen Knochenstäbchen, die gelenkig miteinander verbunden sind. Die Anheftung am Schläfenbein erfolgt syndesmotisch oder synchondrotisch. Das Zungenbein ist gelenkig mit dem Kehlkopf verbunden.

2.3 Muskellehre

Nach dem passiven Teil des Bewegungsapparates wird nun der aktive Teil, die Muskulatur, behandelt. Interessant ist hier der Ursprung und der Ansatz (also die Anheftung des Muskels) und natürlich seine hauptsächliche Wirkung.

2.3.1 Muskeln des Stammes

Zu diesen zählen die kurzen Hals- und Nackenmuskeln, die zwischen Kopf und Wirbelsäule liegen. Sie fungieren als Beweger des Kopfes.

Muskulatur an der Wirbelsäule

Dorsal der Wirbelsäule auf den Querfortsätzen liegend, estreckt sich ein langer Muskelstrang vom Kreuzbein bis zum Nackenbereich. Es ist dies der lange Rücken-, Hals- und Kopfmuskel (M. longissimus dorsi).

Lange Zungenbeinmuskeln

Diese umfassen paarige Muskeln, die kranial am Brustbein ihren Ursprung haben und zum Zungenbein bzw. Kehlkopf ziehen. Diese Muskeln unterstützen die Schluckbewegung.

Atmungsmuskeln

Diese Gruppe von Muskeln erweitert oder verengt den Brustkorb und steht somit im Dienste der Atmung.

Das Zwerchfell

Es stellt den Hauptatmungsmuskel dar. Das Zwerchfell dehnt sich kuppelartig zwischen Brust- und Bauchhöhle aus, wobei der Scheitel der Kuppel kranial zeigt. Brusthöhlenseitig ist das Zwerchfell vom Brustfell, auf der Bauchhöhlenseite vom Bauchfell überzogen. Um dem zentral gelegenen Sehnenspiegel ist radiär Muskulatur angeordnet, deren Fasern zum Zentrum orientiert sind. Hochdorsal, ventral des 3. und 4. Lendenwirbels, liegen muskulöse Partien, die als Zwerchfellpfeiler bezeichnet werden. Sie sind an der Bildung von zwei Öffnungen, dem Aortenschlitz und dem Speiseröhrenschlitz, zum Durchtritt der genannten Organe beteiligt.

Zwischen den Rippen liegt die äußere und die innere Zwischenrippenmuskulatur. Erstere dient der Erweiterung des Brustkorbes und ist daher ein Inspirator, letztere fungiert als Einenger des Brustkorbes und daher als Exspirator.

Bauchmuskulatur

Sie bildet die muskulöse Grundlage der Bauchwand. Durch ihre Aponeurosen bilden sie ein gurtartiges System, welches die Baucheingeweide trägt und hilfsweise die Atmung unterstützt. Zu den Bauchmuskeln zählen der äußere schiefe Bauchmuskel, der innere schiefe Bauchmuskel, der gerade Bauchmuskel und der Querbauchmuskel.

Ersterer zieht oberflächlich von der Brustwand kaudoventral und geht in eine flächige Sehnenplatte, Aponeurose, über, die in der median gelegenen weißem Linie ausläuft. Diese hat eine sehnige Struktur, die vom Beckeneingang bis zum Brustbein reicht.

Der innere schiefe Bauchmuskel kommt vom Hüftköcher, er zieht kranioventral zu den letzten Rippen. Der gerade Bauchmuskel liegt paramedian und bildet mit der weißen Linie die ventrale Bauchwand. Er dehnt sich zwischen Brustbein und Beckeneingang aus. Typisch sind die sehnigen Einlagerungen in diesem Muskel.

Der Querbauchmuskel verläuft zwischen den Fortsätzen der Lendenwirbel und der ventralen Bauchwand. Er ist die innerste Partie der Bauchwandmuskulatur.

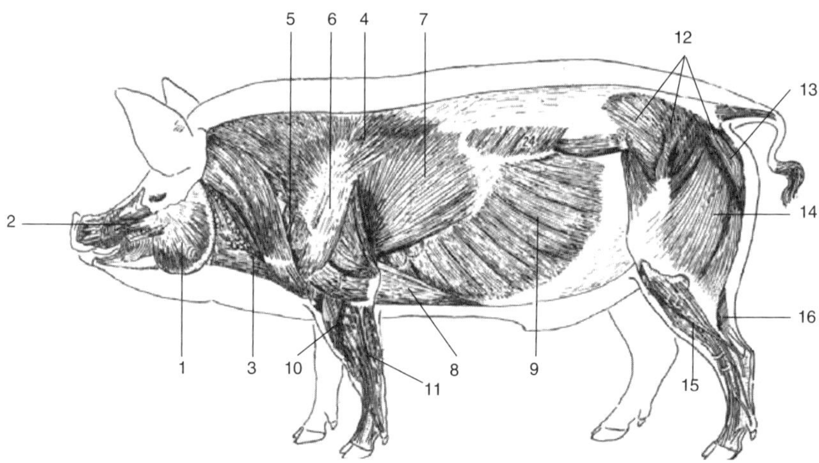

Abb. 35: *1 Masseter* — *2 Gesichtsmuskulatur*
3 Arm-Kopf-Muskel — *4 Trapezmuskel*
5 Obergrätenmuskel — *6 Untergrätenmuskel*
7 Breiter Rückenmuskel — *8 Brustmuskel*
9 äußerer schiefer Bauchmuskel — *10 Zehenstrecker*
11 Zehenbeuger — *12 Kruppenmuskulatur*
13 halbsehniger Muskel — *14 zweiköpfiger Muskel*
15 Strecker der Zehe — *16 Wadenmuskel*
nach Nickel, Schummer, Seiferle 1954)

2.3.2 Muskeln der Schultergliedmaße

Rumpf- und Gliedmaßenmuskeln

Diese ziehen von den Halswirbeln, der Nackengegend, den Rippen oder vom Rücken zum Schulterblatt.

Name	Ursprung	Ansatz	Wirkung
Trapez-muskel	Nacken-gegend	Schulter-blattgräte	Vorführen und Heben der Gliedmaße
Rauten-muskel	Nacken-gegend	Schulter-blattknorpel	Heben der Gliedmaße; Feststellen der Schulter
ventraler gesägter Muskel	Halswir-belsäule bzw. Rippen	medial am Schulter-blatt	wichtigster Rumpfträger, bei Sprung und schneller Gangart Abfedern des Rumpfes; kranialer Teil bei fixierter Gliedmaße: Heben des Halses; kaudaler Teil: Heben des Rumpfes
Schulter-Hals-Muskel	Atlas	Schulter-blattgräte	Vorführen der Gliedmaße
breiter Rücken-muskel	Lenden-Rücken-Gegend	Oberarm-bein	Rückwärtsführer der Gliedermaße
Arm-Kopf-Muskel	Nacken; Hinter-haupts-bein	Oberarm-bein	Rumpfträger; beidseitig: Niederziehen des Halses einseitig: Seitwärtsziehen des Halses
Brust-muskel	Brustbein	Oberarm-bein	Vor- und Zurückführer der Gliedmaße

Muskeln am Schulterblatt und Oberarm

Name	Ursprung	Ansatz	Wirkung
Obergräten-muskel	obere Grätengrube	Oberarmbein	Strecker des Schultergelenkes
Untergräten-muskel	untere Grätengrube	Oberarmbein	Beuger des Schultergelenkes
Unterschulter-blattmuskel	medial des Schulterblattes	Oberarmbein	Strecker des Schultergelenkes
Zweiköpfiger Muskel	Schulterblatt-pfanne	Elle / Speiche	Beuger des Schultergelenkes
Armmuskel	Oberarmknochen	Elle / Speiche	Beuger des Schultergelenkes
dreiköpfiger Muskel	Kaudalrand des Schulterblattes	Ellenbogen-höcker	Strecker des Schultergelenkes

Unterarmmuskulatur

Sie liegt als Strecker bzw. Beuger der Vorderfußwurzelgelenke und der Zehengelenke. Kaudal und medial liegen die Beuger, kranial die Strecker der Zehen.

2.3.3 Muskulatur der Beckengliedmaße

Die Beckengürtelmuskulatur

Das Becken ist über den Kreuz-Darmbein-Gelenken amphiartrotisch mit dem Rumpf verbunden, so daß die Muskeln in dieser Gegend funktionell eine geringere Bedeutung haben als bei der Vordergliedmaße.

Erwähnenswert ist der ventral der Wirbelsäule gelegene Lendenmuskel. dieser entspringt an den Querfortsätzen der Wirbelsäule und zieht zum Oberschenkel hin. Der Lendenmuskel bewirkt eine Versteifung der Lendenwirbelsäule und kann die Wirbelsäule dorsokonvex abbiegen.

Auf den Darmbeinflügeln liegt die Kruppmuskulatur. Sie setzen am proximalen Oberschenkelbein an und fungieren als Strecker und Beuger des Hüftgelenks.

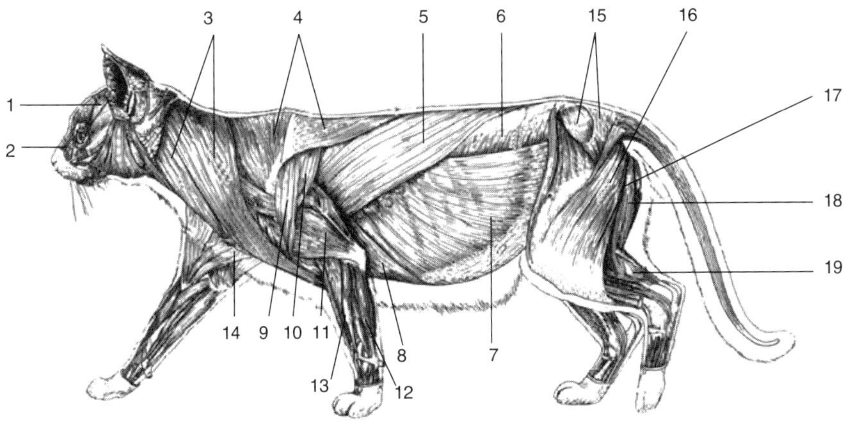

Abb. 36: *1 Schläfenmuskel* *2 Gesichtsmuskel*
3 Arm-Kopf-Muskel *4 Trapezmuskel*
5 breiter Rückenmuskel *6 innerer schiefer Bauchmuskel*
7 äußerer schiefer Bauchmuskel *8 Brustmuskel*
9 Deltamuskel *10 unterer Grätenmuskel*
11 dreiköpfiger Muskel *12 Zehenbeuger*
13 Zehenstrecker *14 Brustmuskel*
15 Kruppenmuskulatur *16 zweiköpfiger Muskel*
17 halbsehniger Muskel *18 halbhäutiger Muskel*
19 Wadenmuskel
(nach Nickel, Schummer, Seiferle 1954)

Lange Sitzbeinmuskulatur

Name	Ursprung	Ansatz	Wirkung
Zweiköpfiger Muskel	Kreuzbein, Sitzbein	Oberschenkelbein, Sitzbein	Strecker des Hüftgelenks; Beuger des Kniegelenks
halbsehniger Muskel	Kreuzgegend	Fersenbeinhöcker	Strecker des Hüftgelenks; Beuger des Kniegelenks
halbhäutiger Muskel	Kniegegend	Oberschenkelbein, Schienbein	Strecker der Kniegelenke; Einwärtsdreher des Knies

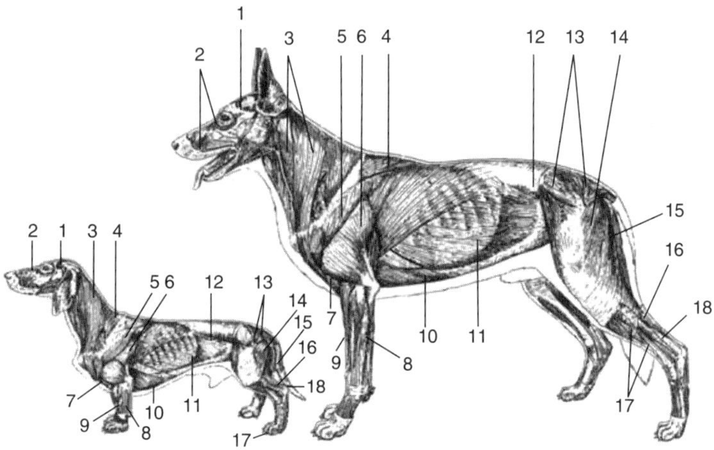

Abb. 37: *1 Schläfenmuskel* — *2 Gesichtsmuskulatur*
3 Arm-Kopf-Muskel — *4 Trapezmuskel*
5 Deltamuskel — *6 dreiköpfiger Muskel*
7 Armmuskel — *8 Beuger der Zehe*
9 Strecker der Zehe — *10 Brustmuskulatur*
11 äußerer schiefer Bauchmuskel — *12 innerer schiefer Bauchmuskel*
13 Kruppenmuskulatur — *14 zweiköpfiger Muskel*
15 halbsehniger Muskel — *16 Wadenmuskel*
17 Strecker der Zehe — *18 Beuger der Zehe*
(nach Nickel, Schummer, Seiferle 1954)

Oberschenkelmuskulatur

Die mächtigen Muskelmassen des Oberschenkels fungieren als Einwärtszieher der Gliedmaße. Das Oberschenkelbein wird kranial, medial und lateral vom vierköpfigen Muskel umgeben. Dieser streckt das Kniegelenk.

Unterschenkelmuskulatur

Ähnlich wie beim Unterarm gruppieren sich Beuger und Strecker der Unterfußwurzelgelenke und der Zehengelenke um die Unterschenkelknochen.

Der dorsal offene Winkel des Fußwurzelgelenks führt dazu, daß die Zehenstrecker gleichzeitig als Beuger der Fußwurzelgelenke (und umgekehrt) in Erscheinung treten. Dorsolateral liegen die Beuger der Fußwurzel und die Strecker der Zehengelenke. Plantar liegen die Strecker der Fußwurzel und Zehenbeuger.

2.3.4 Muskeln am Kopf

Name	Ursprung	Ansatz	Wirkung
äußerer Kaumuskel	Jochbogen	Unterkieferast	Kaubewegungen
innerer Kaumuskel	Gaumenbein, Keilbein	medial am Unterkieferast	Kaubewegungen
Schläfenmuskel	Scheitelgegend	Unterkieferast	Kaubewegungen

Bei Fleischfressern ist im Gegensatz zu den anderen Tieren der Schläfenmuskel der Hauptkaumuskel. Die Kaubewegung besteht bei diesen Tieren in einer Auf- und Abbewegung des Unterkiefers, ähnlich wie bei einer Zange, während besonders die Pflanzenfresser und das Pferd eher kreisende Bewegung (Mahlen) mit dem Unterkiefer vollführen.

3 Eingeweidelehre

Die meisten Eingeweide liegen in den Körperhöhlen (Leibeshöhlen). Diese stellen im Rumpf liegende Hohlräume dar. Ursprünglich war die Leibeshöhle eine einheitliche Formation. Später entwickelten sich aus der Leibeshöhle die Körperhöhlen. Sie sind ausgekleidet mit einem Epithel, der Serosa (Mesothel). Diese wird im Falle der Brusthöhle als Brustfell (Pleura), im Falle der Bauch- und Beckenhülle als Bauchfell (Peritoneum) und im Falle des Herzbeutels als Perikard bezeichnet. Komplizierte Entwicklungsprozesse führen zur Spaltung der Serosa in ein äußeres und ein inneres Blatt. Ersteres dient zur Auskleidung der Körperhöhlen, letzteres überzieht die inneren Organe.

Der Zustand, in dem nur eine einheitliche Höhle besteht, kommt nur in der frühesten Entwicklung vor. Aufgrund des schnellen Wachstums des Herzschlauches und der Ausbildung eines primären Zwerchfelles wird eine Perikardhöhle gebildet, die das Herz umgibt. Auf der Stufe der Säugetiere wächst von dorsal und lateral eine Falte gegen das primitive Zwerchfell und verbindet sich mit diesem. So entsteht einerseits eine kranial gelegene Pleurahöhle (mit Serosa ausgekleidete Brusthöhle) mit der Perikardhöhle, andererseits eine kaudal gelegene Peritonealhöhle (Bauchhöhle sowie ein Teil der Beckenhöhle, welche mit Serosa ausgekleidet ist). Die Beckenhöhle besitzt im kranialen Teil einen Peritonealüberzug, dieser endet blind auf der Höhe des 3. bis 4. Kreuzwirbels (Pferd); 1. bis 3. Schwanzwirbels (andere Tiere). Kaudal schließt sich der retroperitoneale Teil der Beckenhöhle an.

3.1 Die Körperhöhle und deren Auskleidung

3.1.1 Serosa

Die Serosa besteht aus einer Lage von Epithelzellen (einschichtiges Plattenepithel), die plattenartig zusammengefügt sind. Regional unterschiedlich befinden sich auf der freien Zelloberfläche Fortsätze, sogenannte Zotten, die zur Vergrößerung der Resorptionsfläche beitragen. Das Plattenepithel fußt auf einer Basallamina. Es schließt sich eine bindegewebige Schicht an, in der auch Fetteinlagerungen vorkommen.

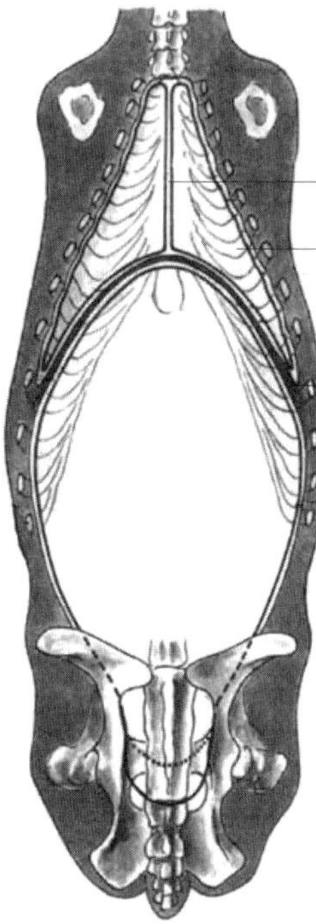

Abb. 38:
Schema der Körperhöhlen und der serösen Höhlen (nach Koch, Berg 1990)

Das Bindegewebe besteht aus einem dreidimensionalen Maschenwerk von Fasern. Im Peritoneum, speziell in Organnähe, kommen Lymphknoten vor (Gekröselymphknoten). In der Bauchhöhle gibt es eine Vielzahl von serösen Falten (Gekröse), die Bauchfellduplikaturen darstellen und das Ergebnis komplizierter embryonaler Rotationsprozesse und Translokalisationen sind.

3.1.2 Brusthöhle

Die Brusthöhle dehnt sich aus vom ersten Rippenpaar - sie bilden den Brusteingang - bis zum Zwerchfell. Lateral wird die Brusthöhle durch die Brustwand (Rippen, Muskulatur), ventral vom Brustbein, dorsal von der Brustwirbelsäule begrenzt. Die Brusthöhle ist mit Pleura ausgekleidet. Diese ist so angelegt, daß zwei getrennte Pleurasäcke je eine Pleurahöhle umschließen und sich in der Medianebene aneinanderlegen. Dadurch entsteht in der Medianebene eine Serosa- Doppelschicht, die als Mittelfell (Mediastinum) bezeichnet wird.

Kranial bilden die Pleurasäcke Kuppeln, die beim Rind kranial des Schulterblattes liegen.

3.1.3 Bauchhöhle

Sie schließt sich kaudal der Brusthöhle an. Kraniale Begrenzung ist das Zwerchfell, kaudal bildet der Beckeneingang den Übergang zur Beckenhöhle. Seitlich wird im kranialen Teil die Bauchhöhle durch Rippen gestützt, im kaudalen Teil wird die Bauchwand durch Bauchmuskeln dargestellt. Dorsale Begrenzung ist die Wirbelsäule mit den anliegenden Muskeln, ventraler Abschluss ist die weiße Linie mit dem geraden Bauchmuskel.

3.1.4 Die Beckenhöhle

Kraniale Begrenzung ist der Beckeneingang, der gebildet wird durch die kranialen Anteile der Hüftbeine und des Kreuzbeins.

Der Beckenausgang wird durch den Sitzbeinausschnitt, durch das breite Beckenband und die ersten Schwanzwirbel bestimmt.

Die ventralen Anteile der Hüftbeine werden als Beckenboden bezeichnet. Dorsaler Abschluss ist das breite Beckenband. Die Beckenhöhle ist in einem kranialen, peritonealen und kaudalen, retroperitonealen Teil gegliedert. Die Grenze zwischen beiden Anteilen liegt tierartlich unterschiedlich auf der Höhe zwischen dem 3. und 4. Kreuzwirbel und dem 1. und 3. Schwanzwirbel.

3.2 Verdauungssystem

Das Verdauungssystem mit seinen Anhängen ist hinsichtlich der Masse und der Ausdehnung ein beträchtliches Organsystem.

Geschichtlich entwickelt sich der Verdauungskanal aus dem Urdarm. Dieser Hohlraum besitzt nur eine Öffnung, den Urmund. Tiere, bei denen diese Verhältnisse heute noch bestehen, werden als Urmundtiere (Protostomia) bezeichnet. Dazu gehören z. B. die Plattwürmer, Weichtiere und andere. Mit der Weiterentwicklung des Darmes bildet sich eingegengesetzt zum Urmund der eigentliche Mund, auch Neumund (daher Neumundtiere, Deuterostomia) heraus. Diese Verhältnisse finden wir bei unseren Wirbeltieren.

Die Morphologie des Verdauungstraktes entspricht einem bestimmten Bauprinzip. Die Innenschicht stellt eine Schleimhaut dar (Mukosa). Darauf folgt (lumenabseits) eine Schicht lockeren Bindegewebes (Submukosa), die die Mukosa von einer Schicht glatter Muskulatur trennt. Der äußere Übergang der Verdauungsorgane stellt die Serosa dar. Sie besteht aus einschichtigem Plattenepithel.

3.2.1 Mundhöhle

Die Mundspalte (der Mund) stellt eine quergestellte Öffnung dar, die bis in die Mundhöhle führt. Sie liegt am weitesten rostral des Kopfes. Form und Größe variieren bei den einzelnen Tieren. Begrenzt wird die Mundspalte von den Lippen (Ober- und Unterlippe) sowie den Mundwinkeln. Die genannten Strukturen sind muskulös untersetzt. Es kommen Lippendrüsen vor. Die Lippen sind gut durchblutet und besitzen viele sensible Nervenendigungen. Außen sind die Lippen von Haut, zur Mundhöhle zu von Schleimhaut überzogen.

Besonders die Oberlippe unterliegt tierartlichen Varianten. Beim Rind bilden der unbehaarte Teil der Oberlippe und der Nasenspiegel das Flotzmaul, beim Schwein entsteht auf gleiche Weise der Rüssel.

Die Mundhöhle wird begrenzt rostral von den Lippen, lateral von den Backen, dorsal vom Mundhöhlendach, ventral vom Mundhöhlenboden und kaudal von der Rachenenge. In der Mundhöhle liegen wichtige Organe des Verdauungstraktes - die Zunge, die Zähne und in den Backen einige Speicheldrüsen. Die Zunge ist auch Träger der Geschmacksempfindung.

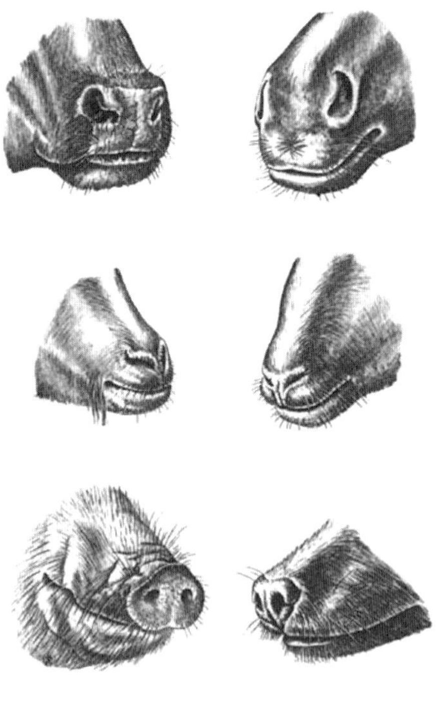

Abb. 39:
Mundspalte, Oberlippe, Unterlippe beim Rind, Pferd, kleinen Wiederkäuer, Schwein und Hund (nach Koch, Berg 1990)

Man beachte tierartliche Varianten der Oberlippe

Backen

Sie stellen die seitliche Begrenzung der Mundhöhle dar. Die Schleimhaut geht auf das Zahnfleisch (Gingiva) über. Bei den Wiederkäuern ist die Schleimhaut mit Papillen besetzt. In den Backen sind Kaumuskeln eingelagert. Submukös liegen einige Backen- und Speicheldrüsen.

Mundhöhlenboden

Zwischen dem Unterkiefer dehnt sich der Mundhöhlenboden aus. Er besteht aus Schleimhaut, Muskulatur und äußerer Haut.

Mundhöhlendach

Es wird knöchern gestützt durch die Gaumenfortsätze des Oberkiefers und durch das Zwischenkieferbein sowie das Gaumenbein. Die Gaumenschleimhaut liegt eng am Periost der knöchernen Grundlage an und geht auf das Zahnfleisch der Oberkieferzähne über.

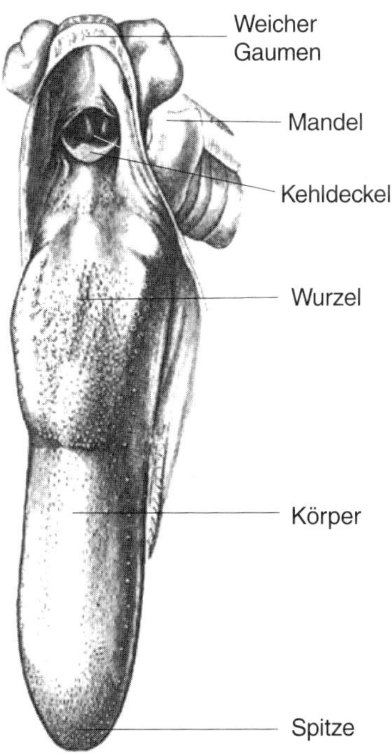

Abb. 40:
Zunge des Rindes
(nach Koch, Berg 1990

Zunge (Glossa; Lingua [griech.])

Die Zunge stellt ein gut bewegliches, muskulöses, reich innervierte, gut durchblutetes Organ dar. Befestigt ist sie durch das Zungenbein an der Zungenwurzel. Der apikale Teil ist fein abgestimmt beweglich. Gaumenseitig liegt der Zungenrücken, der beim Rind einen Wulst trägt. Auf dem Rücken liegen die Papillen, die auf Grund ihrer physiologischen Wirkung in mechanische und Geschmackspapillen eingeteilt werden. In der Zunge verlaufen Muskelfasern, in der Muskulatur ist Bindegewebe und Fett eingelagert.

Zähne (Dentes; Odous [griech.])

Sie bilden in ihrer Gesamtheit das Gebiss. Dabei variiert die Zahl der Zähne zwischen den Tieren. Aber auch die Art der Zähne ist nicht überall gleich. In Abhängigkeit von der Art der Nahrung gibt es z. B. Eck- oder Fangzähne bei der Katze, die natürlich den Pflanzenfressern fehlen.

Die Zähne bestehen vorwiegen aus Zahnbein (Dentin). Der Zahnschmelz überzieht die Krone und ist eine sehr harte Substanz. Die Zahnwurzel weist eine dritte Substanz auf, das Zement.

Die Zähne setzen sich aus der apikal gelegenen Krone, dem tiefer gelegenen Zahnhals und der Zahnwurzel, die in den Zahnfächern des Ober- und Unterkiefers zu liegen kommt, zusammen. Im Inneren des Zahnes liegt die Pulpahöhle, in der Nerven und Blutgefäße sowie die gallertartige Pulpa liegen. Die Befestigung der Zähne wird als Einkeilung bezeichnet. Die Zahnfächer werden von der aus straffem Bindegewebe bestehenden Wurzelhaut ausgekleidet. Die kollagenen Fasern befestigen sich einerseits im Zahnfachperiost, andererseits im Zahnzement der Wurzel. Zusätzlichen Halt gibt das Zahnfleisch(Gingiva), welches den Zahn manschettenartig umfasst.

Hinsichtlich der Topographie und der Funktion der Zähne unterscheiden wir allgemein die Schneidezähne - sie liegen weit oral im Unterkiefer und Zwischenkieferbein (außer Rind)-, die Haken-, Eck- oder Reißzähne im Ober- bzw. Unterkiefer (Schwein, Fleischfresser) und die Mahl- oder Backenzähne in der Backengegend.

Die Zähne unterliegen einem Zahnwechsel. Das Gebiss der ersten Generation wird als Michgebiss bezeichnet. Die bleibenden Zähne werden zum permanenten Gebiss zusammengefasst.

3.2.2 Speicheldrüsen (Glandulae oris)

Zu den Speicheldrüsen gehören die Ohrspeicheldrüse (Parotis), die Unterkiefer-, die Unterzungen- und die Backendrüsen. Die Parotis liegt im Winkel zwischen Unterkieferast und Atlas. Die Drüse besteht aus einer bindegewebigen Organkapsel und

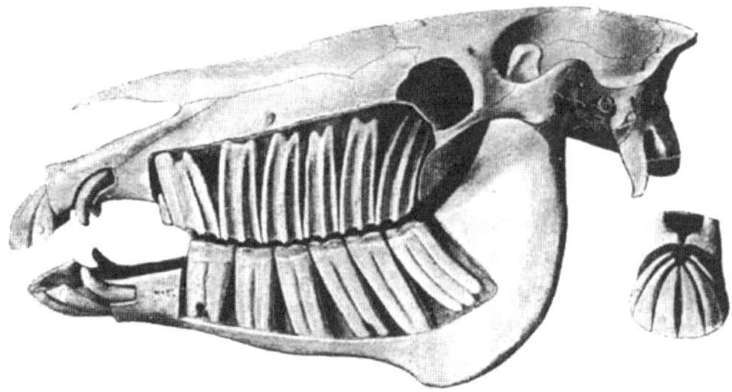

Abb. 41: *Freigelegte Zähne beim Pferd (nach Ellenberger, Baum 1943)
Man beachte die tiefen Einkeilungen und die Verankerung über die Zahnwurzeln im Ober- bzw. Unterkiefer*

Läppchen, die durch Bindegewebsstraßen voneinander getrennt sind. Mehrere kleine Gänge bilden einen gemeinsamen Ausführungsgang, der in der Backengegend in die Mundhöhle mündet.

Auch die anderen Speicheldrüsen besitzen Läppchenstruktur. Ihr Sekret fließt in die Mundhöhle.

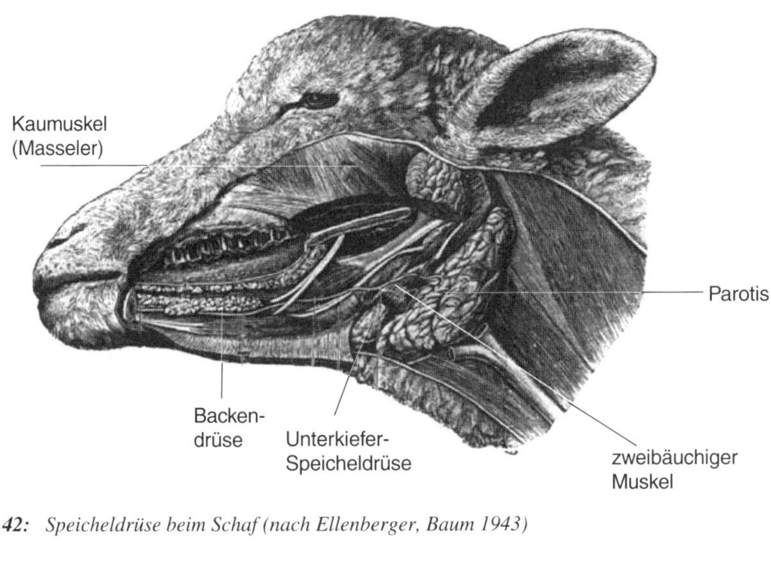

Abb. 42: *Speicheldrüse beim Schaf (nach Ellenberger, Baum 1943)*

3.2.3 Rachen (Pharynx)

Kaudal der Mundhöhle schließt sich der Rachen an. Er wird begrenzt von den seitlichen Rachenwänden, dorsal vom Rachendach und kaudal von Kehlkopfeingang und Speiseröhreneingang.

Die Fortsetzung des Gaumens stellt das Gaumensegel dar. Dieses ist eine von Schleimhaut überzogene Falte, die die Rachenhöhle in eine dorsale Abteilung - den Nasenrachen - und eine ventrale Abteilung - den Schlingrachen - unterteilt. Da sich in der Rachenhöhle Speise- und Luftweg überkreuzen, ist die Stellung des Gaumensegels für den Schluckakt (Heben des Gaumensegels) bzw. Atmung (Senken des Gaumensegels) extrem wichtig. Der Rachen ist ausgekleidet mit einer Schleimhaut, im Nasenrachen liegt ein flimmerndes Epithel, im Schlingrachen ist Plattenepithel vorhanden. Die in der Rachenwand organisierten Muskeln werden als Schlundkopfschnürer und -erweiterer zusammengefasst. Sie spielen beim Schluckvorgang eine wichtige Rolle.

In der Schleimhaut des Rachens liegen lymphatische Einrichtungen, die Mandeln. Diese sind lymphoepitheliale Strukturen und stehen im Dienste der Abwehr. Die Mandeln sind bindegewebig abgegrenzt; die Schleimhaut ist kryptenartig eingesenkt.

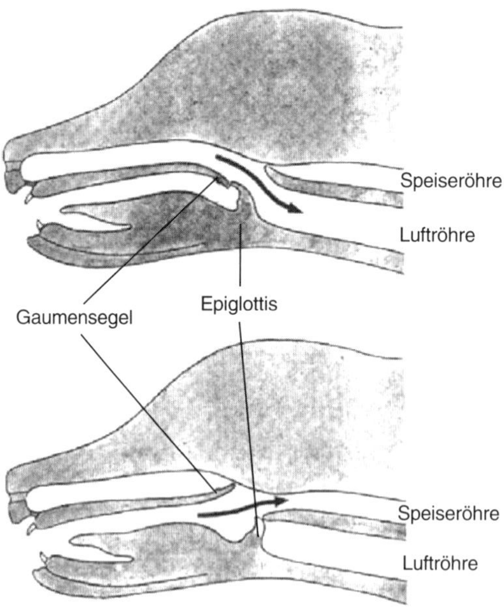

Abb. 43:
Schematische Darstellung des Rachens mit Gaumensegel (nach Koch, Berg 1990)

Man beachte die Gaumensegelstellung

Atemstellung

Schluckstellung

3.2.4 Speiseröhre (Ösophagus)

Die Speiseröhre ist ein schlauchförmiges Organ und stellt die Verbindung zwischen Rachen und Magen her. Die Schichtung entspricht dem allgemeinen Aufbau des Verdauungsschlauches. Rostral liegt der Eingang zur Speiseröhre, diese verläuft im Hals auf der Luftröhre kaudal. Der Brustteil verläuft oberhalb der Luftröhre, rechts neben dem Aortenbogen. Die Speiseröhre passiert das Zwerchfell und geht in den Magen. Die Innenauskleidung stellt eine dicke, aus Plattenepithel aufgebaute Schleimhaut dar. Die Schleimhaut weist einzelne Lymphknötchen und glatte Muskelzellen auf. Submukös liegen Speiseröhrendrüsen. Die Muskelschicht besteht aus Kreistouren oder elliptischen Touren von glatter Muskulatur.

Die äußere Schicht ist eine bindegewebige Verbindung zur Halsfaszie.

3.2.5 Magen (Ventriculus; Gaster [griech.]

Der Magen geht geschichtlich aus einer Aussenkung der primären Darmanlage hervor. Er liegt allgemein im kranialen und ventralen Teil der Bauchhöhle, kaudal des Zwerchfells bzw. der Leber. Über die Lagebeziehungen beim Wiederkäuermagen siehe dort.

Bau und Form des Magens unterliegen erheblichen tierartlichen Unterschieden, die in der Ernährungsweise ihre Erklärung finden. Am einfachsten ist der Magen der Fleischfresser aufgebaut. Er besteht aus einer Höhle, die insgesamt mit Drüsenschleimhaut ausgekleidet ist. Pferd und Schwein besitzen ebenfalls einen einhöhligen Magen, die Schleimhaut ist jedoch teilweise drüsenlos, teilweise drüsenbesetzt. Diese Form des Magens wird als einhöhliger, zusammengesetzter Magen bezeichnet.

Einhöhliger Magen

Man unterscheidet den Mageneingang (Cardia), d. h., der Übergang von Speiseröhre und Magen; den eigentlichen Magensack (Fundus) und den Magenausgang (Pylorus), der den Übergang zum Darm darstellt.

Die Magenwand besitzt eine Schichtung, die dem allgemeinen Bauprinzip des Verdauungsschlauches entspricht. Von innen nach außen besteht die Magenwand aus einer Schleimhaut (Mucosa), diese kann drüsenbesetzt oder drüsenlos sein; einer Submucosa, einer glattmuskulären Schicht und einem serösen Überzug (Peritoneum).

Die Schleimhautverhältnisse des Magens sind tierartlich und auch topographisch-anatomisch sehr verschieden.

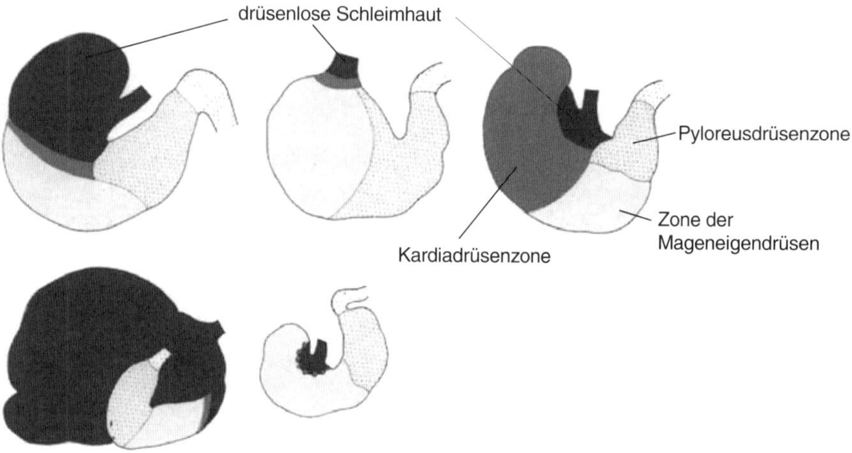

Abb. 44: *Schematische Darstellung der Mägen beim Pferd, Hund, Schwein (obere Reihe v. l. n. r.) Rind, Kaninchen (untere Reihe v. l. n. r.) (nach Koch, Berg 1990)*

Man beachte, daß die Gegend um den Mageneingang drüsenlose Schleimhaut besitzt.
Beim Pferd nimmt dieses Territorium etwa ein Drittel ein.
Beim Hund ist diese Zone ringförmig am Mageneingang ausgeprägt; beim Schwein ist sie etwas größer.
Die Kardiadrüsenzone liegt beim Pferd am Übergang zwischen drüsenloser und -behafteter Schleimhaut. Beim Schwein nimmt diese Zone ca. 50 % des Magens ein. Die Zone der Mageneigendrüsen und die der Pylorusdrüsen schließt sich an.
Beim Wiederkäuer sind alle Vormagenabteilungen drüsenlos. Der kleine schlauchförmige Labmagen ist der eigentliche Drüsenmagen.

Wir unterscheiden am Magen folgende Schleimhäute:

- drüsenlose Schleimhaut
- Cardiadrüsenzone
- Zone der Mageneigendrüsen
- Pylorusdrüsenregion.

Die drüsenlose Schleimhaut besteht aus mehrschichtigem verhornendem Plattenepithel, welches auf einem Papillarkörper ruht.

Das Epithel setzt sich aus mehreren Zellschichten zusammen, wobei die oberflächlichen Lagen aus abgestorbenen, verhornten Zellen besteht. In der Tiefe liegen Zellen mit Keratingranula und eine Stachelzellschicht. Der Name rührt von den zahlreichen Desmosomen her, die mit einstrahlenden Bündeln von Zytokeratinfilamenten besetzt sind.

Die Drüsenschleimhaut wird von einem einstufigen hochprismatischen Epithel überzogen. Gelegentlich treten einzelne Büschelzellen auf. Der Name rührt her von dem dichten Besatz von Mikrozotten, die von Mikrofilamenten durchsetzt sind. Stellenweise ist lymphoretikuläres Gewebe vorhanden. Daneben treten die Magendrüsen auf, die in drei Kategorien unterschieden werden (siehe oben).

Die Cardiadrüsen sind weitlumig und sezernieren ein alkalisches Sekret. Die Mageneigendrüsen enthalten drei Zelltypen, die als Haupt-, Beleg- und Nebenzellen bezeichnet werden.

Die Hauptzellen liefern das Pepsinogen (Vorläufermolekül eines eiweißabbauenden Enzyms, das Pepsin), die Zellen sind iso- bis hochprismatisch gestaltet. Die Belegzellen sind etwas größer, haben oft zwei Zellkerne, liegen entweder den Hauptzellen an oder zwischen diesen. Sie stehen im Dienste der HCl-Produktion. Die Nebenzellen liegen an den Drüsenschläuchen und produzieren einen Intrinsic-Faktor, der mit dem Vitamin B_{12}-Metabolismus im Zusammenhang steht.

Die Pylorusdrüsen produzieren ein alkalisches Sekret. Die Zellen sehen kegelstumpfförmig aus.

Die Ausdehnung der einzelnen Drüsenabschnitte ist tierartlich verschieden.

Die Cardiadrüsen-Region liegt am Mageneingang (außer Pferd; hier liegt sie zwischen drüsenloser und Drüsenschleimhaut), sie ist relativ schmal (außer Schwein; hier nimmt sie etwa 50 % des Magens ein). Die Zone der Mageneigendrüsen umfasst m.o.w. große Teile des Magensackes. Am Magenausgang liegt die Pylorusdrüsen-Region.

Mehrhöhliger Magen

Beim Wiederkäuer liegen besondere Verhältnisse vor. Am eigentlichen Drüsenmagen - er wird als Labmagen bezeichnet - sind Vormägen vorgeschaltet, denen gemeinsam ist, daß sie mit kutaner Schleimhaut ausgekleidet sind. Zu den Vormägen gehören der Pansen, die Haube oder Netzmagen und der Psalter oder Blättermagen. Die Vormägen stellen Gärkammern dar, in denen das unvollkommen aufgeschlossene Futter durch Einwirkung von Mikroben und Einzeller aufgeschlossen wird.

Der Pansen stellt die größte Vormagenabteilung dar. Er liegt der unteren und ventralen Bauchwand an, rechts reicht er bis zur Medianebene, dorsal erstreckt er sich bis zu den Lendenwirbeln, und kranial bis zum Zwerchfell. Der Netzmagen liegt in der Medianebene, ventral und unmittelbar kaudal des Zwerchfells. Der Blättermagen befindet sich rechts der Medianebene zwischen Leber, Zwerchfell und Pansen. Auf der rechten Seite liegt auch der Labmagen.

Die Schleimhaut des Pansen weist fingerförmige Pansenzotten auf, die zu einer erheblichen Vergrößerung der Resorptionsfläche beitragen. Die Zotten sind gut

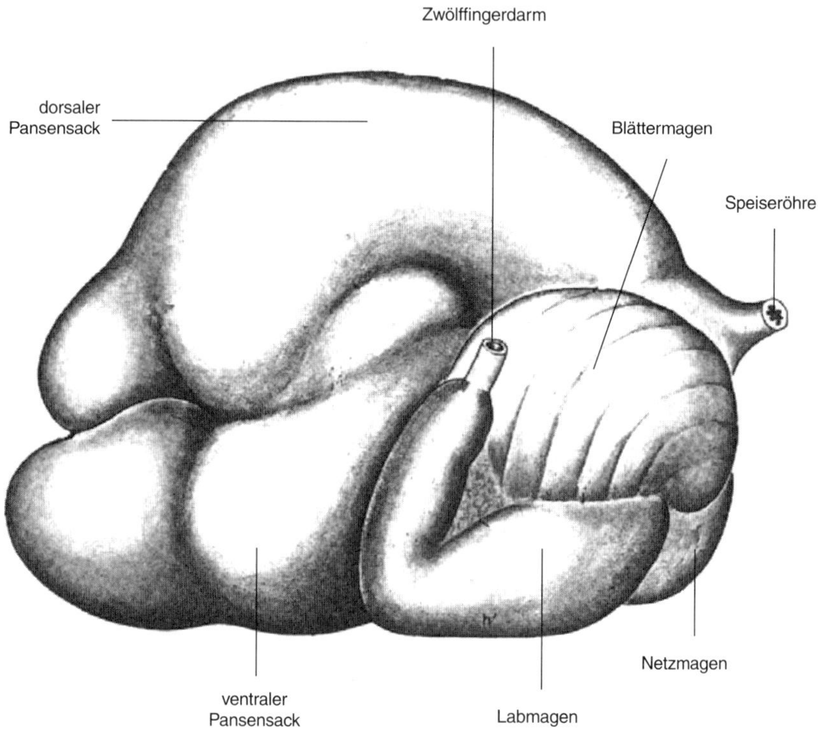

Abb. 45: *Vormägen und Labmagen des Rindes (nach Koch-Berg, 1990)*

durchblutet. Die Schleimhautoberfläche (mehrschichtiges Plattenepithel) ist mit besonderen Haftstrukturen ausgestattet (Desmosomen). In den tiefen Schichten treten weite Interzellularräume auf, in die Zytoplasmafortsätze hineinragen. In den tiefsten Zelllagen treten Tonofilamente auf. Subepithelial existiert ein dichtes Netz feinster Blutgefäße. Sie stammen von subserös verlaufenden Gefäßnetzen, sie ziehen zur Schleimhaut und bilden ein Geflecht. Die Futterzusammensetzung hat Einfluss auf die Intaktheit der Pansenschleimhaut. Strukturunwirksames Futter führt zur Atrophie der Zotten (Zottenuntergang). Umgekehrt führt eine rohfaserreiche Nahrung z.B. beim (noch) saugenden Kalb zur Zottenausprägung.

Die Muskelschicht wird durch sich überlagernde Lagen glatter Muskulatur dargestellt. Ganglien, Nervenfasern, Lymphgefäße und Fett sind subserös eingelagert.

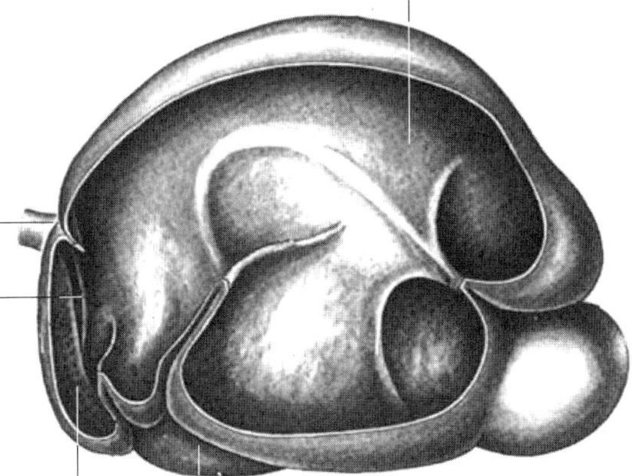

Abb. 46:
Innenansicht eines mehrhöhligen Magens

Man beachte die angedeutete Schlundrinne

nach Koch, Berg 1990

Über die Pansen-Hauben-Öffnung gelangt man in die Haube oder Netzmagen, die ebenfalls mit drüsenloser Schleimhaut ausgekleidet ist. Die Schleimhaut bildet ein wabenähnliches Muster, welches durch Leisten zustande kommt.

Die Hauben-Psalter-Öffnung stellt den Übergang zum nächsten Vormagen, dem Psalter oder Blättermagen, dar. Der Begriff rührt von der Vielzahl von Schleimhautblättern, die in das Lumen hineinragen. Am Blättermagen ist der Drüsenmagen angeschlossen. Ähnlich dem einhöhligen Magen gibt es beim Labmagen eine Cardiadrüsenzone, die Zone der Mageneigendrüsen und die Pylorusdrüsenzone.

Beim saugenden Tier besteht eine Besonderheit dergestalt, daß zwischen der Speiseröhre und dem Labmagen ein Kurzschluss existiert, der als Schlundrinne bezeichnet wird. Die Schlundrinne wird reflektorisch geschlossen bei der Nahrungsaufnahme, und die Milch kann direkt - unter Umgehung der Vormägen - dem Drüsenmagen zugeführt werden.

3.2.6 Der Darm (Intestinum; Enteron [griech.])

Dem Magen schließt sich der Darm an, ein schlauchförmiges Gebilde, welches in komplizierten tierartlich verschiedenen Schlingen gelegt ist. Art und Weise der Ernährung gehen einher mit unterschiedlichen Bauplänen des Darms. Bau und Funktion stellen so eine Einheit dar.

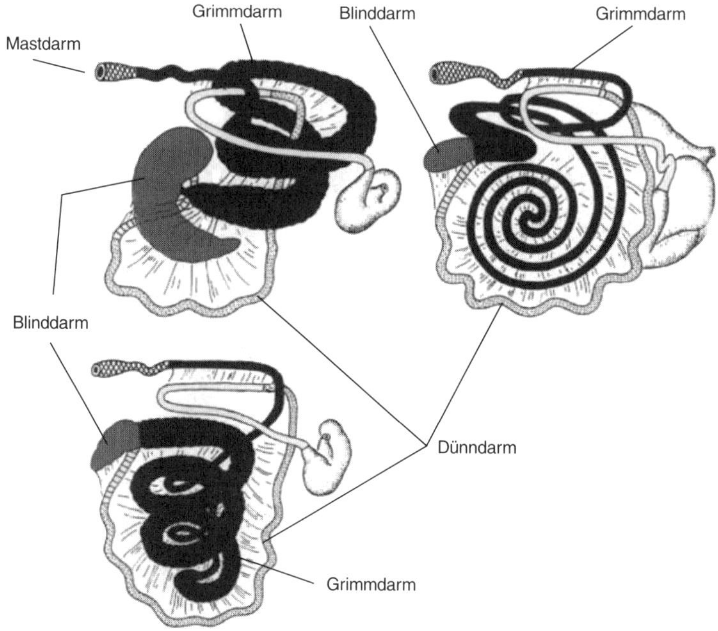

Abb. 47: *Schematische Darstellung des Darmes beim Pferd, Rind, Schwein (nach Koch, Berg 1990)*

So haben Fleischfresser einen kürzeren Darm als Pflanzenfresser. Zum Beispiel beträgt der Darm des Hundes das Fünffache der Körperlänge, der des Pferdes das Zwölffache, der des Rindes das Zwanzigfache und der des Schafes das Siebenundzwanzigfache der Körperlänge des jeweiligen Tieres.

Der Darm ist am Gekröse aufgehangen. Er füllt den Bauchraum aus und liegt (teilweise) auch in der Beckenhöhle. Es werden der Dünn- und der Dickdarm unterschieden. Beide werden nochmals in je drei Abteilungen untergliedert. Der Dünndarm besteht aus dem Zwölffingerdarm (Duodenum), dem Leerdarm (Jejunum), und dem Hüftdarm (Ileum). Der Dickdarm setzt sich aus dem Blinddarm(Caecum), dem Grimmdarm (Colon) und dem Mastdarm (Rectum) zusammen.

Dünndarm

Der erste Abschnitt ist der Zwölffingerdarm. Er liegt in der rechten Hälfte der Bauchhöhle, ventral der Niere. In diesen Darmabschnitt münden die Gallengänge und der Gang der Bauchspeicheldrüse. Der Leerdarm ist tierartlich unterschiedlich in Schlingen gelegt. Er ist an einem langen Gekröse aufgehangen. In diesem sind Fett, Blutgefäße und Lymphknoten eingelagert. Der Leerdarm geht in den letzten Dünndarmabschnitt, den Hüftdarm, über.

Charakteristisch für den Dünndarm sind die Schleimhautverhältnisse. Entsprechend der Funktion des Darmes - Verdauung und Stoffaufnahme - ist die Schleimhaut mit Zotten besetzt. Die Zotten haben die Form länglicher Gebilde und werden vom Darmepithel überzogen, wobei eine intensive Morphokinese herrscht. Das heißt, junge, unverbrauchte Zellen wandern von der Kryptenbasis in apikale Bereiche; dabei differenziert sich die Zelle, d. h., eine zur Verdauung und zur Stoffaufnahme fähige Enzymausstattung wird ausgeprägt, die Zahl der Mikrozotten nimmt zu. Im Inneren der Zotte liegen axiale Blutgefäße, glatte Muskelzellen und elastische Fasern. Apikal liegt ein Netz feinster Blutgefäße, die die aufgenommenen Nährstoffe abtransportieren können. Die Kapillaren werden von Zottenvenen aufgenommen. Die glatten Muskelzellen stehen mit der Muskelschicht der Schleimhaut in Verbindung und sind in der Lage, rhythmisch zu kontrahieren. Sie stellen das morphologische Korrelat der Zottenpumpe dar.

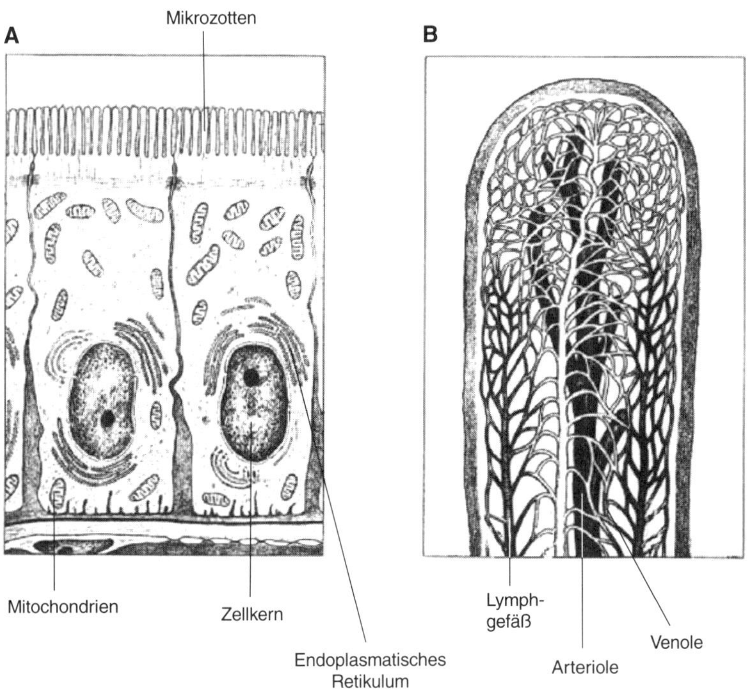

Abb. 48: *Bau der Dünndarmschleimhaut; (nach Rohen u. Lütjen-Drecoll, 1990)* *Bau einer Darmzotte*

Im Darm kommen Drüsen vor, sog. Lieberkühn'sche Drüsen. Auf dem Kryptengrund liegen kleinste Zellgruppen von endokrin aktiven Zellen. Zwischen den Drüsen liegt Bindegewebe. Die Muskelschicht besteht aus sich überkreuzenden Muskelzügen, die in Spiralen angeordnet ist.

Submukös liegen Nerven und Gefäße, Fett und elastische Fasern. Die Muskelschicht besteht aus einer zirkulären und einer längsgerichteten Schicht. Die Muskelschicht ist reich innerviert.

Nerven treten als Geflecht submukös, intermuskulär und subserös auf.

Im Hüftdarm treten lymphatische Einrichtungen auf, sog. Peyer'sche Platten.

Dickdarm

Auch bei diesem Darmabschnitt gibt es mannigfaltige tierartliche Unterschiede.

Der Blinddarm stellt einen Blindsack dar; er ist besonders groß beim Pferd. Der Blinddarmkopf liegt bei diesem Tier kranial, bei den anderen zeigt er kaudal. Der nächste Darmabschnitt ist der Grimmdarm. Beim Fleischfresser verläuft dieser auf der rechten Seite der Bauchhöhle kranial, geht auf die linke Seite und zieht kaudal in die Beckenhöhle. Komplizierter sind die Verhältnisse beim Pferd. Hier liegt der Grimmdarm in einer Hufeisenform vor. Vom Blinddarm aus zieht der Grimmdarm von rechts kranial zum Zwerchfell, schlägt dort links um und zieht zunächst parallel zum Zwerchfell, später kaudal zur Beckenhöhle. Vor dem Beckeneingang schlägt der Darm dorsal und kranial um, er zieht nochmals auf der linken Seite zum Zwerchfell, um dann wieder kaudal in die Bauchhöhle zu ziehen. Beim Wiederkäuer bildet der Grimmdarm eine Spirale, um die der Dünndarm arrangiert ist. Aus der Spirale geht ein Stück Grimmdarm hervor und zieht in die Beckenhöhle.

Beim Schwein ist der Grimmdarm bienenkorbartig angeordnet; die Spitze zeigt kranioventral.

Hochdorsal, ventral der Wirbelsäule in der Beckenhöhle, verläuft der Mastdarm. Der kraniale Abschnitt ist mit Peritoneum überzogen, die kaudalen Teile liegen retroperitoneal.

Die Schleimhaut ist zottenfrei. Es kommen Drüsen sowie endokrin aktive Zellen vor.

Der After bildet den Abschluss des Verdauungstraktes. Er steht mit der Außenwelt in Verbindung, ist von Muskulatur umgeben und kann (besonders beim Fleischfresser) als Verschluss fungieren.

Neben diffusem lymphoretikulärem Gewebe kommen auch kompakte Aggregate vor, die Analtonsillen. Beim Schwein und Hund liegen in dieser Gegend Drüsen, die als Analdrüsen bezeichnet werden. Der Fleischfresser besitzt noch zusätzliche Drüsenlager, die Zirkumanaldrüsen.

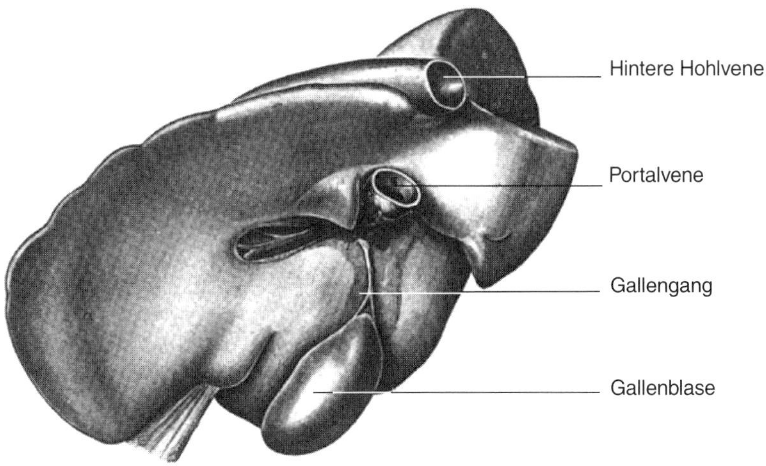

Abb. 49: *Rinderleber, Eingeweideseite (nach Koch, Berg 1990)*

3.2.7 Leber (Hepar)

Die Leber ist die größte Anhangsdrüse des Verdauungstraktes. Ihre Funktion ist sehr vielfältig. Die Leber liegt bei den Haussäugern im kranialen Teil der Bauchhöhle rechts (Wiederkäuer), größtenteils rechts (Pferd) oder rechts und links der Medianebene (Schwein), unmittelbar kaudal des Zwerchfells und kranial vom Magen bzw. Blättermagen und kranial von der Niere.

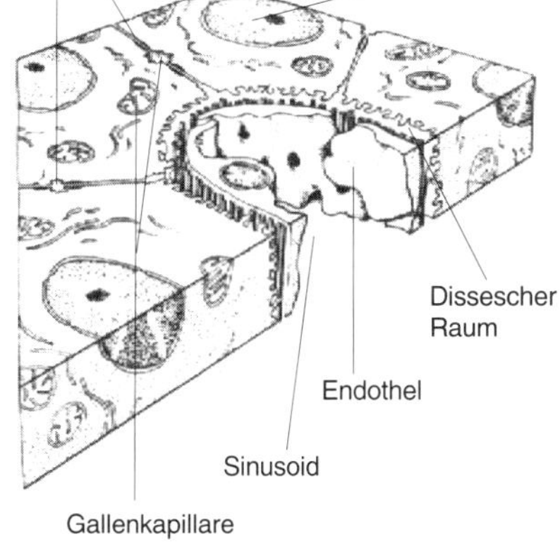

Abb. 50:
Leberzotte mit Sinusoiden (nach Schiebler, Schmidt 1987)

Das Organ besitzt eine flache Gestalt, die Zwerchfellseite ist konvex, die kaudale Eingeweidefläche ist konkav geformt. Die Leber besteht aus einer tierartlich unterschiedlichen Zahl von Lappen, die durch tiefe Einschnitte voneinander getrennt sind. Auf der Eingeweidefläche liegt die Leberpforte, in die die Leberarterie, die Lebervene und Gallengänge ein- bzw. austreten. An der Leberpforte liegen mehrere Lymphknoten. Das Organ ist von einer bindegewebigen Kapsel überzogen. Das Bindegewebe geht in das tiefer gelegene Bindegewebe über, welches an der Bildung der Läppchen beteiligt ist.

Das Leberläppchen stellt die funktionelle Einheit der Leber dar. Es besteht aus reihenförmig angeordneten Zellen mit dazwischen verlaufenden Gallen- und Blutkapillaren. In der Mitte des Läppchens liegt eine Zentralvene. Beide stehen untereinander in Verbindung und sind vermascht. Sie werden zur Lebervene, die sich in die hintere Hohlvene beimischt. Die Gallenkapillaren werden zu interlobularen Gallengängen, sie treten an der Leberpforte aus der Leber aus und vereinigen sie. An den Leberläppchen sind die Kapillaren weit und fenestriert. Zwischen Kapillaren und benachbarten Zellen liegt ein sinusartig erweiterter Raum, in den Mikrozotten der Leberzellen hineinragen.

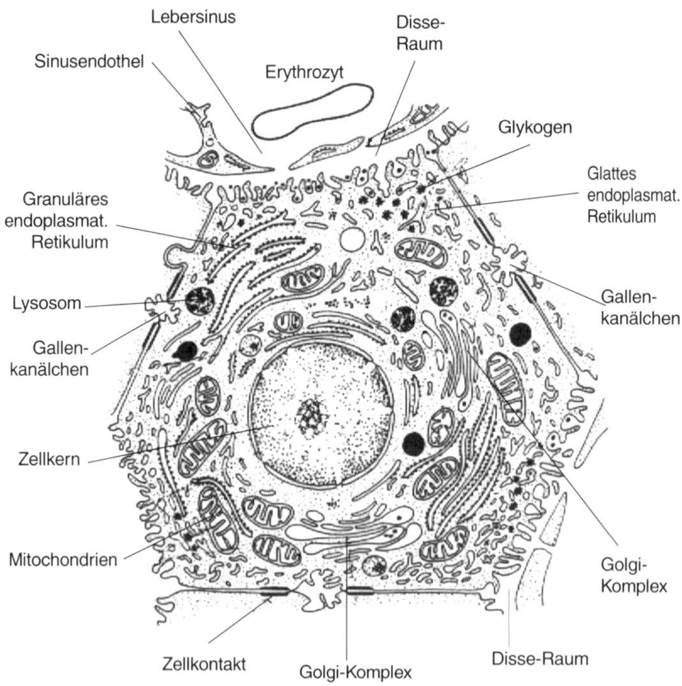

Abb. 51: *Leberzelle, im Sinusbereich sind Mikrovilli arrangiert (nach Schiebler, Schmidt 1987)*

3.2.8 Gallenblase (Vesica fellea)

Sie kommt bei den meisten Tieren vor (Ausnahmen: Pferd, Esel, Kamel, Reh, Hirsch und andere). Sie dient als Sammelraum für die Gallenflüssigkeit. Das Epithel ist hochprismatisch und mit Mikrozotten besetzt. In der Blasenwand liegen glatte Muskulatur, lymphoretikuläres Gewebe, elastische Fasern, Nervengeflechte und Blutgefäße.

Die Gallenblase ist sackförmig und liegt auf der Eingeweidefläche, ventral an der Leberpforte. Die Gallenflüssigkeit fließt über einen Gang in den Zwölffingerdarm.

3.2.9 Bauchspeicheldrüse (Pankreas)

Sie besteht aus einem endokrinen und einem exokrinen Teil. Hier ist erst einmal der exokrine Teil interessant. Das Organ liegt hochdorsal in der Bauchhöhle am Zwölffingerdarm. Die Bauchspeicheldrüse besteht aus einem rechten und einem linken Lappen sowie einem Mittelteil (Kopf). Dort sammeln sich die Abflüsse für die Verdauungsenzyme.

Die Drüse ist läppchenförmig aufgebaut, zwischen den Läppchen liegen Bindegewebsstraßen, die sich aus der Organkapsel herleiten. In den Bindegewebsstraßen liegen Blutgefäße und Nerven.

3.2.10 Disseminierte endokrine Zellen

Neben der Verdauung nimmt der Magen-Darm-Kanal endokrine Funktionen wahr. Von der Zellmasse her ist er das größte endokrine Organ. Die Produktionsstätten der gastrointestinalen Hormone sind eine Vielzahl von Zelltypen, die in der Mukosa lokalisiert sind. Dabei treten tierartliche Unterschiede auf. Die Zellen liegen in der Mukosa, besitzen lange Mikrozotten. Sie liegen der Basallamina auf. Andere Zelltypen erreichen nicht die Lumenseite; sie werden von anderen Zellen verdeckt. Typisch für die Zelle ist neben dem reichen Syntheseapparat die membranbegrenzte Sekretgranula.

3.3 Atmungssystem

Das Atmungssystem steht im Dienste der Sauerstoffzuführung, des Abatmens verbrauchter Luft sowie der Lautbildung. Im engen Zusammenhang steht der tierartlich unterschiedlich ausgeprägte Geruchssinn.

Das Atmungssystem stellt entwicklungsgeschichtlich eine Weiterentwicklung bisher vorhandener Formen der Sauerstoffaufnahme dar und ist allen luftatmenden Tieren eigen.

3.3.1 Nase

Sie ist Teil des Gesichtsschädels und kommuniziert über die Nasenöffnung mit der Außenwelt. Der Hund besitzt eine Nasenspitze, während bei Wiederkäuer und Pferd Teil des Nasenrückens zur Mundspalte ziehen. Das Gebiet wird als Nasenspiegel,

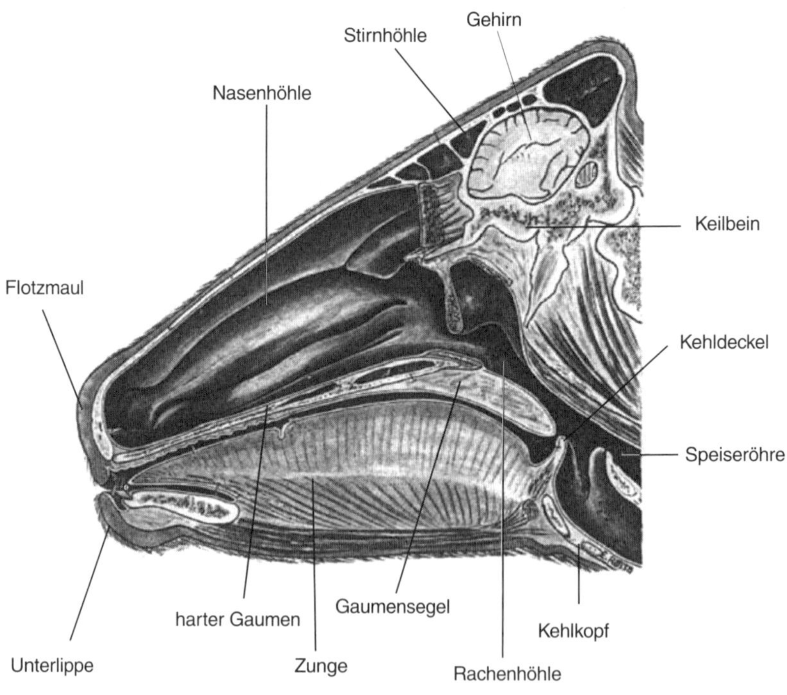

Abb. 52: *Paramedianschnitt durch den Kopf eines Rindes (nach Koch, Berg, 1990)*

beim Rind als Flotzmaul bezeichnet. Das Schwein besitzt eine Rüsselscheibe. Um die Nasenöffnung sind besonders bei der Katze und beim Pferd Tasthaare vorhanden.

In der Nasenhöhle liegen Knochenlamellen, die Nasenmuscheln. Dadurch entstehen drei Nasengänge, wobei der dorsale Nasengang der Riechgang, und der ventrale der Atmungsgang sind. In der Medianebene liegt die sagittal gestellte Nasenscheidewand. Dadurch entsteht eine rechte und eine linke Nasenhöhle. Sie ist ausgekleidet mit mehrschichtigem hochprismatischem flimmerndem Epithel sowie mit Becherzellen. In der Tiefe liegt Bindegewebe, welches in das Perichondrium und Periost der Knochen übergeht.

3.3.1.1 Nasennebenhöhlen

Die Nasenhöhle ist über einen kleinen Spalt mit den Nasennebenhöhlen verbunden. Diese liegen im Oberkiefer, dem Stirn-, dem Gaumen-, dem Keil- und dem Tränenbein (nur Wiederkäuer). Diese Formationen sind mit Schleimhaut ausgekleidet. Die Kieferhöhle liegt im Oberkieferbein. Beim Pferd stehen alle Nasennebenhöhlen miteinander in Verbindung. Beim Rind sind Nasenhöhle, Kieferhöhle, Gaumenhöhle und Tränenbeinhöhle miteinander verbunden. Die Stirnhöhle und Keilbeinhöhle haben eigene Zugänge. Beim Schwein und Hund gibt es eine Verbindung zwischen Nasenhöhle und Kieferhöhle. Der Zugang zur Stirnhöhle (beim Rind auch zur Keilbeinhöhle) liegt am Nasengrund zwischen den Siebbeinzellen.

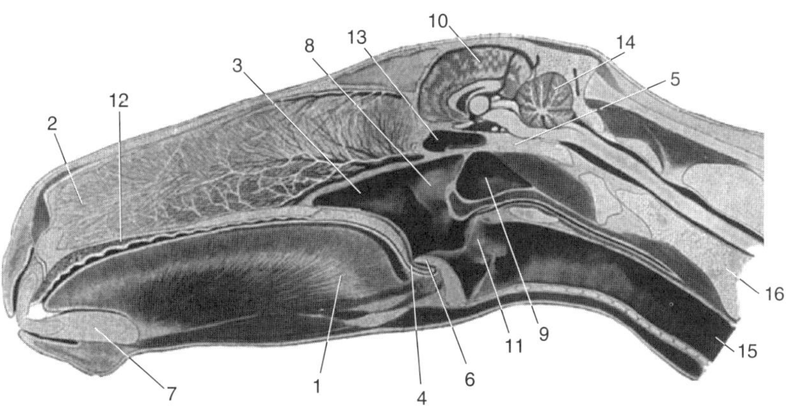

Abb. 53: *Medianschnitt durch einen Pferdekopf (nach Ellenberger, Baum 1943)*

1 Zunge	*7 Unterkiefer*	*12 Gaumen*
2 Nasenhöhle	*8 Eingnag zur eustachischen Röhre*	
3 Rachenhöhle	*9 Luftsack*	*13 Keilbeinhöhle*
4 weicher Gaumen	*10 Gehirn*	*14 Kleinhirn*
5 Keilbein	*11 Kehlkopf*	*15 Luftröhre*
6 Kehldeckel		*16 Halswirbelsäule*

Aboral der Nasenhöhle liegt das Siebbein, welches gleichzeitig die Grenze zur Schädelhöhle darstellt. Kaudal geht die Nasenhöhle in die Rachenhöhle über. Beiderseits der Seitenwand des Atmungsrachens befindet sich ein Schlitz, der in die Ohrtrompete führt. Beim Pferd besitzt die Ohrtrompete eine Erweiterung, die als Luftsack bezeichnet wird. Dieser ist ein mit Schleimhaut ausgekleideter Raum zwischen Zungenbein, Atlas und Rachen.

3.3.2 Kehlkopf (Larynx)

Die Grundlage des Kehlkopfes bilden die Kehlkopfknorpel, die über Bänder und Muskeln miteinander verbunden sind. Die Knorpel umfassen den Kehldeckel, den Gießkannenknorpel, den Schildknorpel und den Ringknorpel. Befestigt ist der Kehlkopf am Zungenbein und dem umliegenden Bindegewebe. Der Kehldeckel ist beweglich arrangiert und ist dadurch in der Lage, beim Schluckvorgang den Kehlkopfeingang zu verschließen.

3.3.3 Luftröhre (Trachea)

Sie schließt sich kaudal des Kehlkopfes an und zieht als knorpelgestütztes Rohr in die Brusthöhle. Die Luftröhre besteht aus einer Vielzahl von Knorpelringen, die durch Ringbänder miteinander verbunden sind. Innen ist die Luftröhre mit respiratorischer Schleimhaut ausgekleidet. Die Luftröhre liegt in einer Lage lockeren Bindegewebes in der ventralen Halsgegend und zieht ins Mittelfell. Auf der Höhe der Lungen gabelt sich die Luftröhre in die beiden Stammbronchien, die in die Lunge ziehen.

3.3.4 Lunge (Pulmones)

Die Lunge hat die Aufgabe, den Gasaustausch zu realisieren. Diese Aufgabe ist nur mit einer großen Austauschfläche vereinbar. Blutstrom und Sauerstoff müssen in einen innigen Kontakt treten können. Dem dient die Blut-Luft-Schranke.

Die Lunge gliedert sich in die beiden Lungenflügel. Sie liegen in je einem Pleurasack, der seröse Übergang der Lunge wird auch als Lungenfell bezeichnet. Die Lunge füllt den Brustraum größtenteils aus. Kranial reicht sie bis an die ersten Rippen, kaudal bis zum Zwerchfell, lateral legt sie sich an die Brustwand. Durch Einschnitte wird die Lunge in Lappen unterteilt. Dabei treten tierartliche Unterschiede auf. Bei allen Tieren gibt es je einen Spitzen- und Zwerchfellslappen sowie einen rechten Anhangslappen (außer Pferd). Der linke Spitzenlappen ist in zwei Portionen unterteilt.

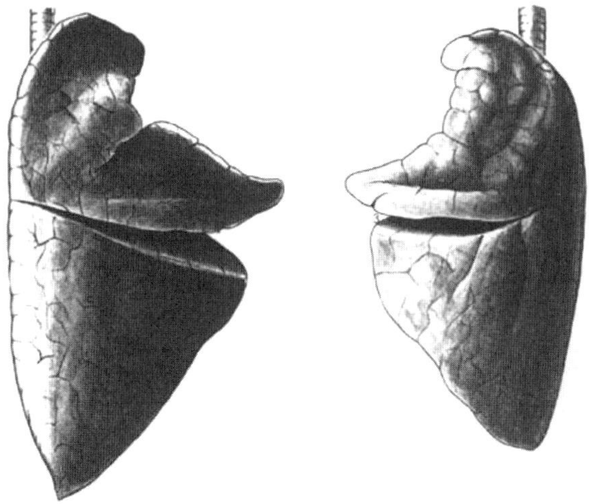

Abb. 54:
Lunge vom Schwein (nach Koch, Berg 1992

Durch tiefe Einschnitte wird die Lunge in Lappen geteilt.

Die Lappen werden durch Bindegewebsstraßen, die von der Organkapsel herrühren, in Läppchen unterteilt. Die Läppchen bilden elastische Fasernetze, die die Alveolen umgeben. Funktionell sind die Bindegewebselemente wichtig, da bei der Inspiration durch die Dehnung der Pleura ein Zug erzeugt wird, der sich auf andere Bindegewebselemente überträgt und so die Alveolen, die die Stätten des Gasaustausches darstellen, dilatiert werden. Umgekehrt unterstützen glatt-muskulöse Elemente die passive Retraktion elastischer Fasern und beeinflussen somit die Exspiration.

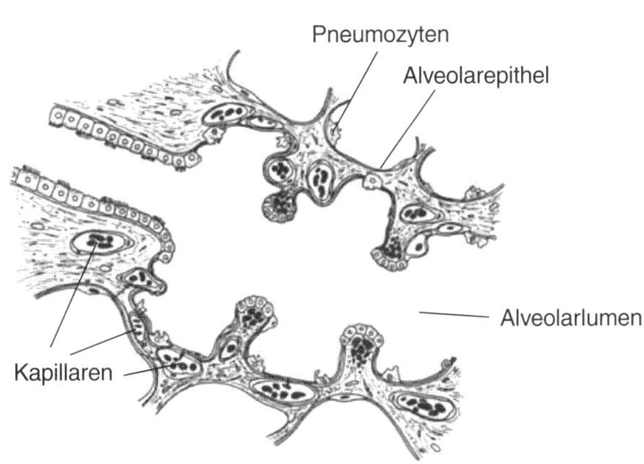

Abb. 55:
Alveolarsäckchen (nach Rohen und Lütjen-Drecoll, 1990)

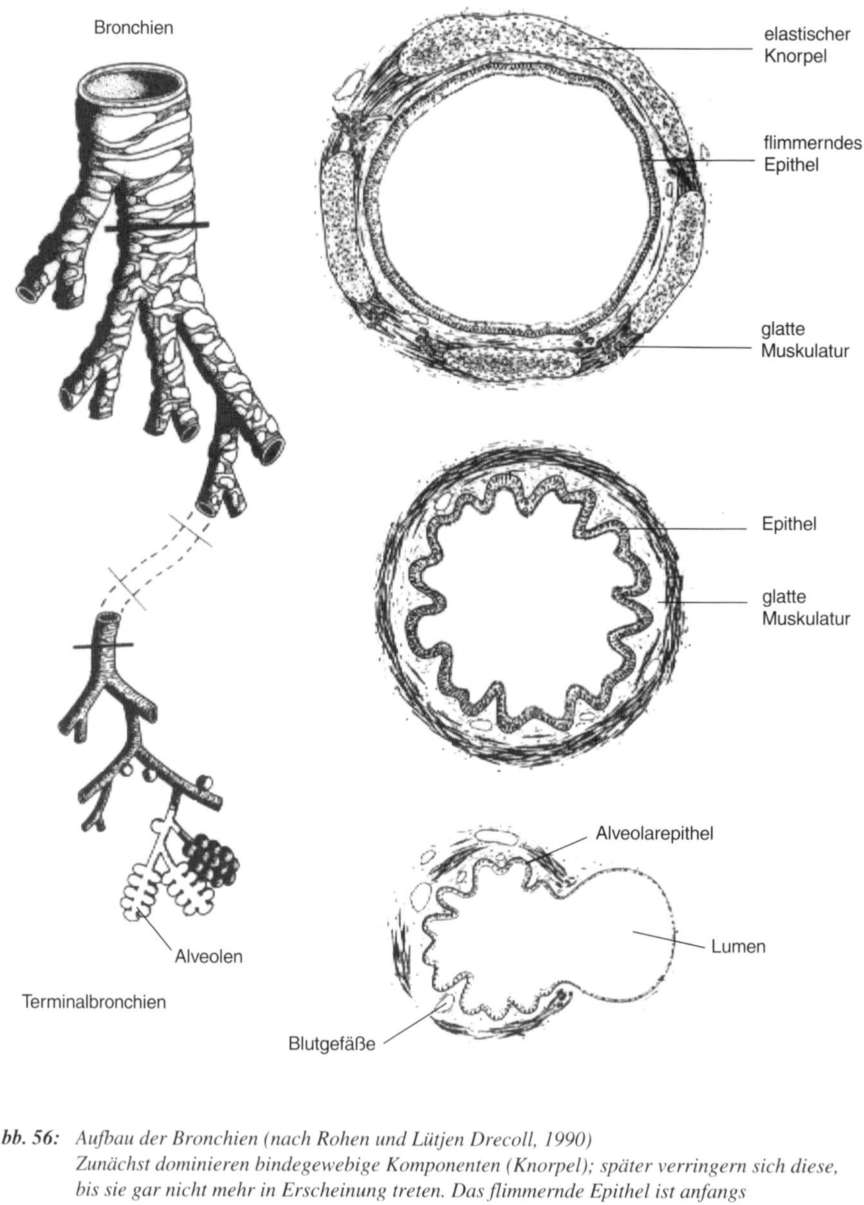

Abb. 56: *Aufbau der Bronchien (nach Rohen und Lütjen Drecoll, 1990)*
Zunächst dominieren bindegewebige Komponenten (Knorpel); später verringern sich diese, bis sie gar nicht mehr in Erscheinung treten. Das flimmernde Epithel ist anfangs mehrschichtig, später einschichtig.

3.3.4.1 Bronchien

Sie stellen die Fortsetzung der Luftröhre dar. Sie sind zunächst knorpelig gestützt. Die Schleimhaut besitzt flimmerndes Epithel mit reichlich Becherzellen. In der Eigenschicht der Mukosa liegen reichlich Bindegewebsfasern. Die Knorpelspangen werden kleiner und dünner. Der Knorpel ist in dichte Fasernetze eingebunden, welche in die peribronchiale Schicht übergehen. Hier verlaufen Nerven. Die knorpellosen Teile der Bronchien werden als Bronchuli bezeichnet. Sie teilen sich in die Terminalbronchien, die noch flimmerndes Epithel haben. Dieses Epithel liegt auf einer glatt-muskulösen Unterlage; die Terminalbronchien gehen in die Alveolen auf. Das Epithel ist flimmerlos. Zwischen den Alveolen liegen bindegewebige Septen, die Alveolarwand ist korbartig von elastischen Netzen umgeben.

Das Alveolarepithel ruht auf einer Basallamina, dem die Kapillarwand anliegt. Im Alveolarepithel liegen Pneumozyten, die teilweise im Dienste der Surfactantbildung stehen. Die Blut-Luft-Schranke wird durch das enge Nebeneinander von Alveolarwand und fenestrierter Kapillarwand repräsentiert. Hier findet der Gasaustausch statt.

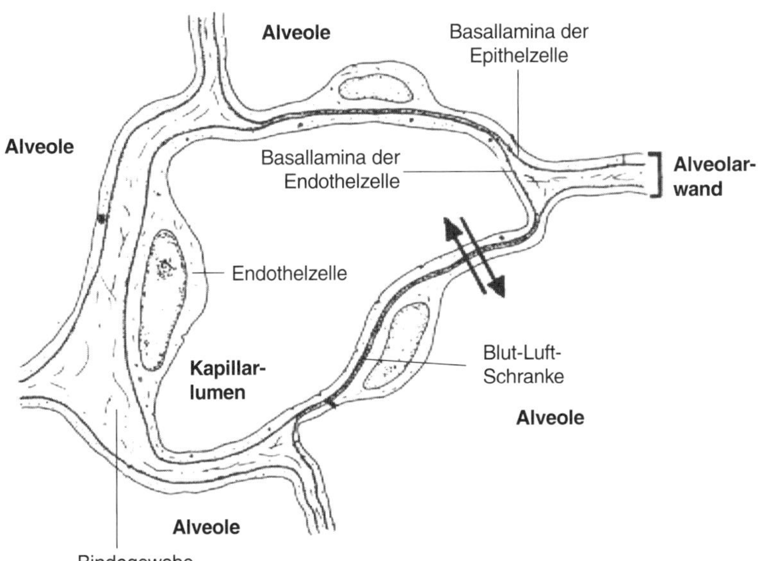

Abb. 57: *Blut-Luft-Schranke (nach Geneser,1990)*

3.4 Herz-Kreislauf-System

Mit der Höherentwicklung des Organismus wird ein Apparat erforderlich, der Nährstoffe entsprechend den Erfordernissen in die einzelnen Körperteile zu transportieren vermag. Neben der Transportleistung müssen auch Einrichtung zum Stoffaustausch in den Geweben herausgebildet werden. Dieser Apparat, der vorgenannte Aufgaben erfüllt, ist das Herz-Kreislauf-System. Als Transportmedium dient das Blut, die Gefäße dienen als Transportbahnen. Die Kapillaren sind die Gefäße, die im Dienste des Stoffaustausches stehen, und das Herz ist der Motor des Apparates.

Gefäße, deren Blutstrom zum Herzen führt, werden als Venen bezeichnet; in Arterien führt der Blutstrom vom Herzen weg (unabhängig davon, ob das Blut sauerstoffarm oder -reich ist).

Das Herz entsteht aus einem Hauptgefäß. Der primitive Herzschlauch unterliegt komplizierten Umbau- und Torsionsbewegungen und Schleifenbildungen. Sie sind im Zusammenhang mit der Höherentwicklung des Organs zu sehen.

3.4.1 Herz (Cor; Kardia [griech.])

Das Herz liegt in dem kranialen (3. bis 6. Rippe) und ventralen Teil der Brusthöhle in einer serösen Struktur, dem Herzbeutel (Pericard). Das Organ befindet sich im Mittelfellspalt, umgeben von den Lungen, in der Nähe des Brustbeines, teilweise auf der linken Seite (Hund zu $^4/_7$; Rind zu $^5/_7$; Pferd zu $^3/_5$).

Die relative Herzmasse beträgt beim Schwein 0,24 % - 0,28 %, beim Rind 0,4 %, beim Pferd 0,7 %, beim Hund 0,9 % - 2,2 %. Bei den Wildtieren liegt die relative Herzmasse höher als bei den entsprechenden Haustieren.

Das Herz besitzt eine annähernd spitzkegelige Gestalt (Ausnahme Hund: dieser besitzt ein kugeliges Herz). Die Spitze zeigt kaudal, die Herzbasis liegt kranial, dort liegen auch die ein- und ausführenden Gefäßstämme.

Um das Herz liegt eine Einziehung, die Kranzfurche. In dieser verlaufen die Herzkranzgefäße. Von der Kranzfurche zieht eine flache Furche zur Herzspitze und eine weitere zieht schräg kaudal, ohne die Herzspitze zu erreichen. An den Kranzfurchen liegen Vorwölbungen, die Vorkammern. Sie weisen zusätzliche Ausstülpungen auf, die Herzohren.

Das Herz ist an den großen Gefäßen sowie am Herzbeutel befestigt. Die Herzwand hat einen geschichteten Aufbau. Außen liegt das Epikard, die Muskelschicht wird als Myokard bezeichnet und innen liegt das Endokard.

Epikard

Das Epikard, als seröser Überzug des Herzens, besteht aus einem einschichtigen Plattenepithel, welches auf einer Eigenschicht ruht. In ihr sind scherengitterartig kollagene Fasern arrangiert. Diese besitzen eine Bedeutung bei der funktionellen Anpassung des Herzens bei der Kontraktion.

Subepikardial folgt eine Bindegewebsschicht, in der auch Nerven liegen.

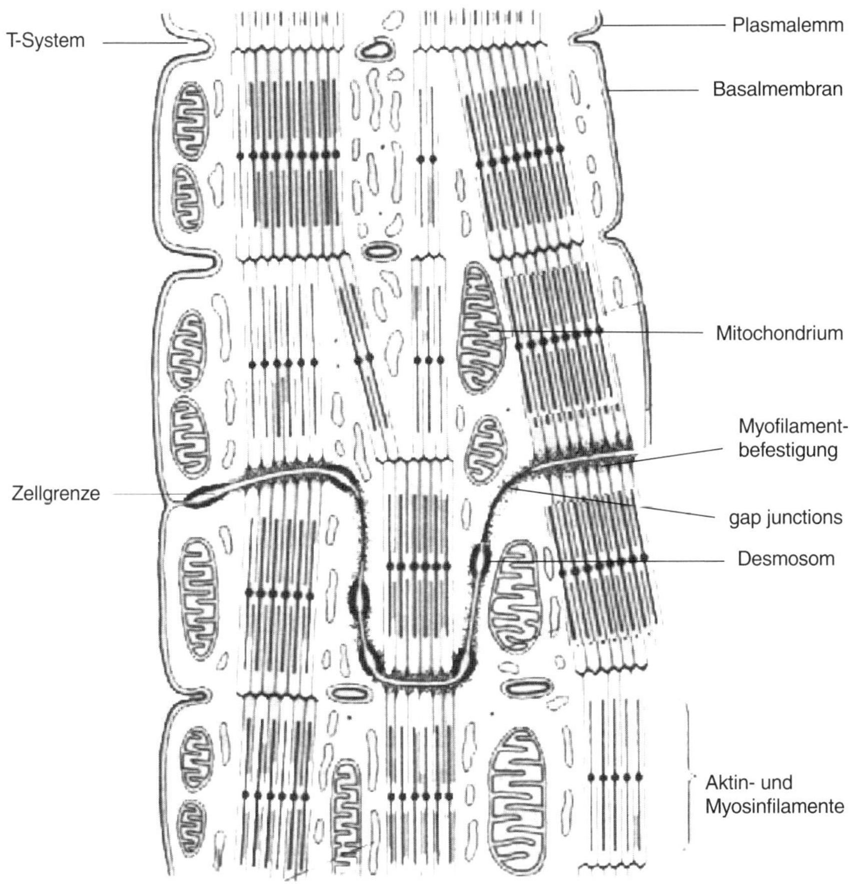

Abb. 58: *Bau einer Herzmuskelzelle (nach Schiebler, Schmidt 1987)*
Die benachbarten Zellen sind miteinander verzahnt (Glanzstreifen).
Über Desmosomen und gp junctions wird ein inniger Kontakt hergestellt

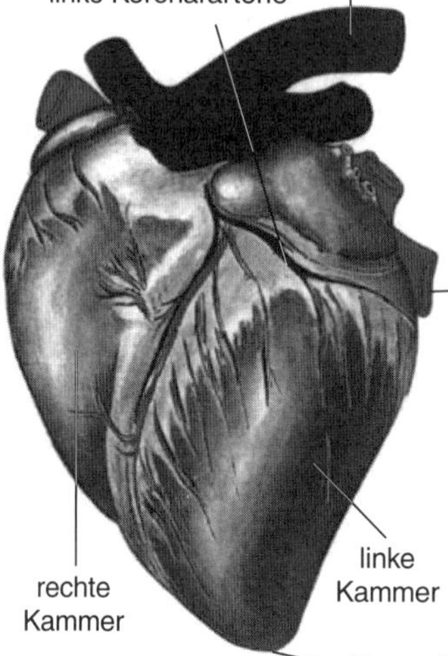

Abb. 59:
Herz des Pferdes
(nach Koch, Berg, 1993)

Myokard

Das Myokard besteht aus Herzmuskelzellen sowie Bindegewebe. In diesem liegen Blut- und Lymphgefäße, Nerven und Lymphzellen. Die Muskelzüge sind im Kammerbereich spiralig angeordnet. Die Herzmuskelzellen sind von Plasmalemm umgeben. Die längs liegende Perimembran bildet mit dem Plasmalemm das Sarkolemm. An der Querseite kontaktieren die Membranen benachbarter Zellen, wobei die Zellmembranen der beiden kontaktierenden Zellen sich verzahnen. Diese Verzahnungszone bildet einen Spalt.

Der Bereich der Verzahnung der Zellmembran wird als Glanzstreifen bezeichnet. Diese Glanzstreifen weisen Besonderheiten auf - Kontaktstellen, die als tight junctions und Desmosomen bezeichnet werden. Diese stellen Zell-Zell-Kontakte dar. Die tight junctions bestehen aus hexagonalen, stiftförmigen Untereinheiten, die fenestriert sind und Kanäle darstellen, die im Dienste des Ionenstromes von Zelle zu Zelle stehen. Wie die quergestreifte Muskelzelle hat die Herzmuskelzelle einen Zellkern, ein Sarkoplasma, Polysomen und ein sarkoplasmatisches Retikulum, was dem endoplasmatischenRetikulum anderer Zellen entspricht. Das transversale Tubuli (T)-System, welches durch fingerförmige Einstülpungen des Sarkoplasma an der Zelloberfläche entsteht. Mikropinozytosebläschen weisen auf Transportfunktionen hin. Auch wird die elektrische Leitung in das Innere der Zelle geleitet. Das L-System entspricht einem axial verlaufenden Membransystem.

Bindegewebe des Herzens

Der bindegewebigen Verschiebeschicht kommt eine besondere Bedeutung zu. Die größten Bindegewebsmassen sind im Herzskelett konzentriert. Dieses stellt ein Bindegewebsgerüst dar, welches die Ostien umgibt und mit dem Bindegewebe der Klappen und des Myokards in Verbindung steht. Das Bindegewebe fungiert als Zwischensehne zwischen den verschiedenen Muskelzügen. Die Kontraktion der Kammermuskulatur bzw. der Papillarmuskeln führt zur Aufrichtung des kollagenen

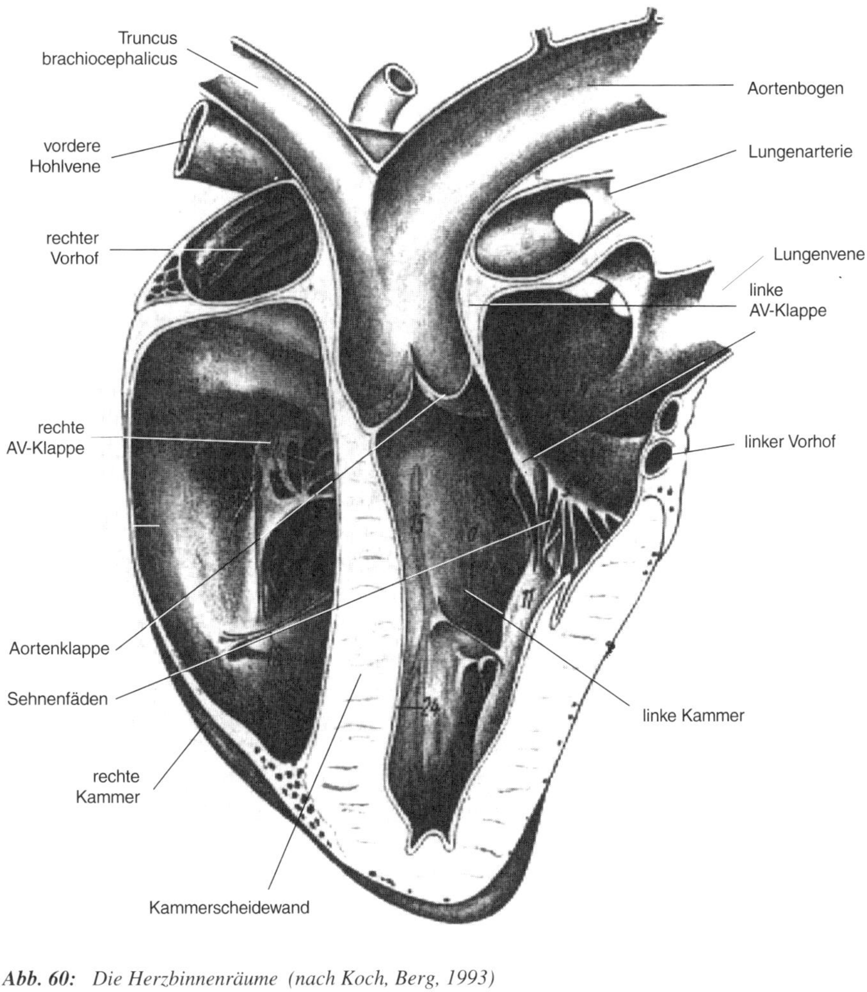

Abb. 60: *Die Herzbinnenräume (nach Koch, Berg, 1993)*

Sehnengitters sowie zur Formveränderung an den Ostien. Das interstitielle Bindegewebe umrankt die Herzmuskelzellen. Es besteht aus kollagenen und elastischen Fasern, Bindegewebszellen, Myofibrillen und Kapillaren.

Endokard

Das Endokard kleidet die Binnenräume des Herzens aus und besteht aus Endothelzellen, welche auf einer Basallamina ruhen. Die Endothelzellen sind polygonal. Subendothelial liegt eine feinfaserige Schicht von Bindegewebe und z. T. glatten Muskelzellen. Weiter abluminal liegt eine elastisch-muskuläre Schicht, die den Übergang zum Myokard bildet.

Perikard

Der Herzbeutel besteht aus einem Serosadoppelblatt sowie einer fibrösen Schicht aus kollagenem Bindegewebe. Er umgibt das Herz. Die Innenschicht des Perikards bildet die Perikardhöhle, in der etwas Perikardflüssigkeit vorhanden ist.

Das Innere des Herzens

Das Herz besteht aus vier Räumen. Es sind dies die rechte und linke Vorkammer, Vorhof (Atrium) sowie die rechte und linke Kammer (Ventriculi). Vorkammern und Kammern sind durch Scheidewände voneinander getrennt. Kammern und Vorhöfe werden durch die bindegewebig eingefassten Atrioventricular-(AV-)Öffnungen getrennt. In den AV-Öffnungen liegen die AV-Klappe, die den Verschluss garantieren können.

Vergleicht man die beiden Kammern hinsichtlich ihrer Ausdehnung und der Stärke der Wand, so fällt auf, daß die linke Kammer größer ist und eine dickere Wand aufweist. Die Unterschiede in der Wandgestaltung widerspiegeln die hämodynamischen Verhältnisse des Kreislaufs.

Die beiden AV-Kammern werden nach der Zahl der Klappenzipfel benannt. Zwischen rechter Kammer und rechtem Vorhof liegt die dreizipflige Klappe, das Pendant auf der linken Seite stellt die zweizipflige Klappe dar. Die Klappenzipfel sind beiderseits vom Endocard überzogen; im Inneren liegt ein bindegewebiges Stroma, in welchem Nerven, Blut- und Lymphgefäße liegen. Kammerseitig setzen die Sehnenfäden an, die von den Papillarmuskeln, einer sockelartigen, muskulären Einrichtung an der Innenseite der Kammerwände, kommen.

Die beiden Atrien werden durch ein Vorhofseptum voneinander geteilt. In demSeptum befindet sich eine Öffnung, das ovale Loch (Foramen ovale), welches sich erst zum Zeitpunkt der Geburt schliesst. Der Verschluss wird durch eine bindegewebige Membran erreicht.

An den Gefäßfundamenten der Aorta und der Lungenarterie liegen die Taschenklappen, die aufgrund der Form der Klappenzipfel auch als halbmondförmige Klappen bezeichnet werden. Die Klappenzipfel werden nicht durch Sehnenfäden gehalten. Sie haben die Aufgabe, den Blutrückfluss zu verhindern.

Das Reizleitungssystem (RLS) dient als Motor des Herzens. Dies ist eine Besonderheit des Herzens. Das Ergebnis der "Eigenerregung" sind die rhythmischen Kontraktionen. Das RLS besteht aus modifizierten Herzmuskelzellen, die besonders sarkoplasmareich sind. Diese Zellen schließen sich zu Knoten zusammen. Diese sind hierarchisch aufgebaut.

Der Sinusknoten an der Einmündung der vorderen Hohlvene fungiert als Taktgeber. Er ist den anderen Knoten und Strängen übergeordnet. Bereits 1907 wurde er von Keith und Flack beschrieben (daher auch Keith-Flack-Knoten).

Auf der Höhe der AV-Ostien am Herzskelett liegt der 1906 von Aschoff und Tawara entdeckte AV-(Aschoff-Tawara-)Knoten. Dieser ist ebenfalls (im Falle des Ausfalles des Sinusknotens) in der Lage, als Rhythmusgeber zu fungieren. Vom AV-Knoten wird die Erregung auf Fasern übertragen, die als Hiss'sche Bündel bezeichnet werden. Diese laufen in der Kammer als Purkinje-Fasern subendothelial aus.

Besonders im Bereich der Vorhöfe existieren endokrin aktive Zellen, die ein Peptid (atrial natriuretic factor) produzieren.

3.4.2 Blutgefäße

Allgemein lässt sich ein dreischichtiger Aufbau erkennen. Innen liegt die Intima, bestehend aus Endothel und einer subendothelialen Schicht; der Media, bestehend aus glatter Muskulatur, und der Externa, die aus einem Netzwerk von Bindegewebsfasern besteht.

Am Herzen (linke Vorkammer) entspringt die Aorta. Sie muß den pulsatilen Blutauswurf, der durch den Herzschlag entsteht, in einen kontinuierlichen Blutfluss verwandeln. Daher besitzt der Anfangsteil der Aorta einen speziellen Aufbau, um der "Windkessel"-Funktion gerecht werden zu können. Elastisches Bindegewebe dominiert gegenüber der Media. Daher wird die Aorta als Gefäß vom elastischen Typ bezeichnet. Auch in der Media treten elastische fenestrierte Lamellen auf, Faserzüge sind kreuzweise zu Raumspiralen angeordnet.

Die große Mehrheit der Gefäße gehört zum muskulären Typ. Hier ist die Ausprägung der Media typisch.

Die glatten Muskelzellen bilden Fasern, die spiralig verlaufen. Um die Spiralen liegen weitmaschige elastische Netze.

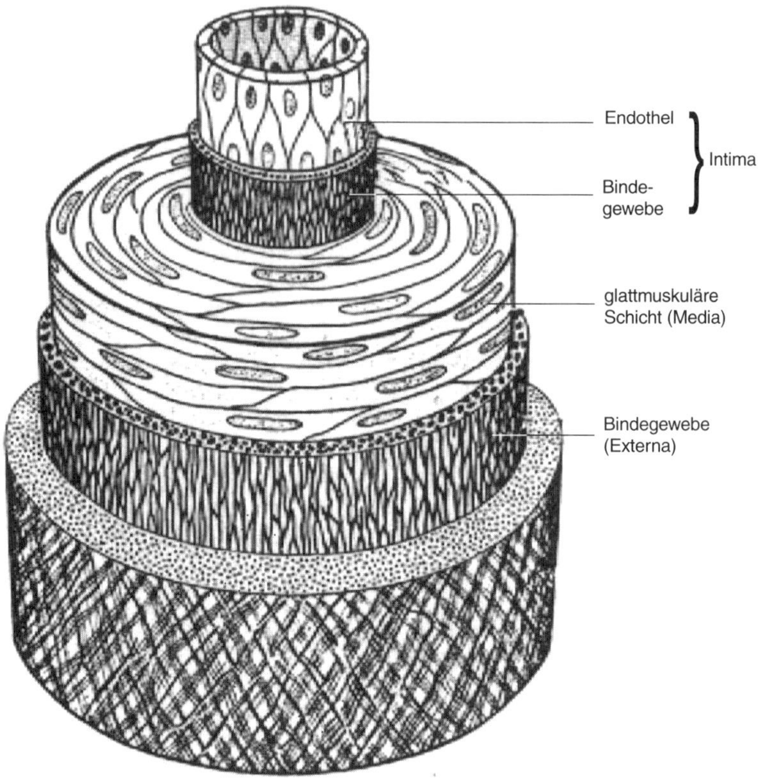

Abb. 61: *Bau einer Arterie (nach Rohen und Lütjen-Drecoll 1990)*

Aufgrund der ausgeprägten Media können die Gefäße über die Weit- und Engstellung des Lumens den Blutfluss regulieren.

Die Mikrozirkulation oder Endstrombahn stellt den Abschluss des arteriellen Systems und den Übergang zum venösen Teil dar. Hier findet der Stoffaustausch statt.

Die den Arterien nachgeordneten Gefäße stellen die Arteriolen dar, die in die präkapillären Sphinkter übergehen.

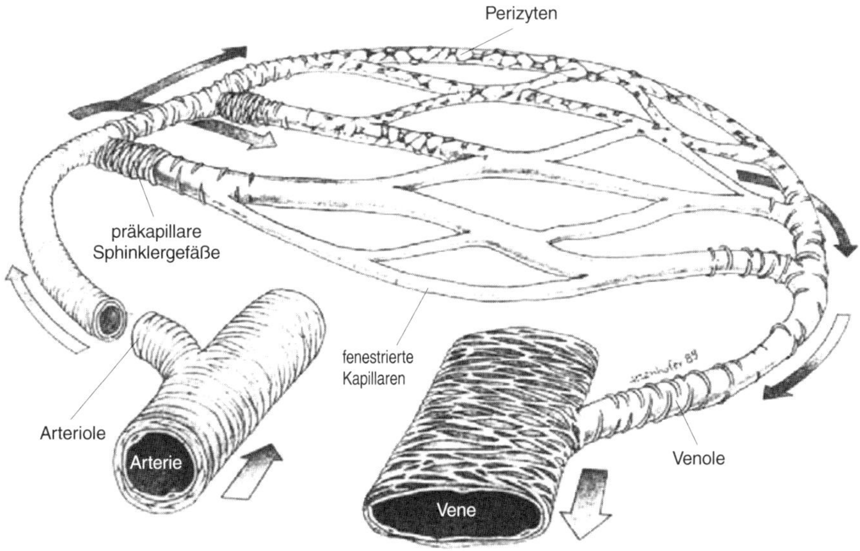

Abb. 62: *Schematische Darstellung der Endstrombahn (nach Rohen und Lütjen-Drecoll 1990)*

Die Kapillaren stellen die kleinsten Gefäße dar. Sie bilden ein dreidimensionales Maschenwerk. Die Kapillaren bestehen aus Endothelzellen, die auf einer dreischichtigen Basallamina aufliegen. Vereinzelt kommen Perizyten vor. Diese umgreifen mit ihren Ausläufern die Kapillaren. Hinsichtlich des Endothelaufbaues werden geschlossene und fenestrierte Kapillaren unterschieden. Letztere weisen Endothelporen auf, die im Dienste der Permeation stehen. Zwischen den Endothelzellen liegen Spalten.

Neben den Gefäßen vom muskulären Typ, die auch als Widerstandsgefäße bezeichnet werden, gibt es besondere kreislaufregulatorische Einrichtungen, die die Verteilung und Umverteilung des Blutes realisieren. Diese besonderen Einrichtungen liegen meist an Gefäßaufzweigungen. Sie werden als Polster- oder Sperrarterien bezeichnet. Die Besonderheit liegt in den subendothelialen (glatt-muskulären) Intimapolstern, die mit der Media in Verbindung stehen. Drosselvenen besitzen ebenfalls regulatorische Funktionen. Arteriovenöse Anastosomen sind Bindeglieder zwischen Arteriolen und Venen. Dabei nehmen die Arteriolen den Aufbau von Venen vor. Darüber hinaus gibt es Anastosomen mit Intimapolstern.

Venen

Durch den Zusammenschluss von Kapillaren entstehen postkapilläre Venolen, die zu Venen zusammenfließen. Der Aufbau der Venolen entspricht dem der Kapillaren, später treten glatte Muskelzellen auf. Die Venen haben den selben geschichteten Aufbau wie die Arteriolen. Jedoch ist die Media wesentlich schwächer ausgeprägt. Große Venen besitzen Venenklappen.

3.4.3 Aufbau des Herz-Kreislauf-Systems

Wir unterscheiden den kleinen oder Lungenkreislauf, sowie den großen oder Körperkreislauf. Beide Kreisläufe beginnen und enden im Herzen. Der kleine Kreislauf beginnt an der rechten Kammer. Das Blut gelangt über die rechte Vorkammer in die Lungenarterie und fließt zur Lunge. Hier findet der Gasaustausch statt. Das sauerstoffreiche Blut geht zu den Lungenvenen und damit in die linke Vorkammer (linke Kammer).

Der große Kreislauf beginnt in der linken Kammer, das Blut geht in die Aorta. Diese beschreibt einen großen Bogen und geht ventral der Wirbelsäule kaudal. Im Verlaufe gibt sie eine Vielzahl von Gefäßen für die Versorgung des Kopfes, des Halses, der Brustgliedmaßen und der inneren Organe ab. Am Beckeneingang zweigt sich die Aorta auf, die Gefäße ziehen zur Beckengliedmaße. Die Gefäße enden im Kapillarbett, die Kapillaren werden zu Venolen. Diese fließen zu Venen und zu Hohlvenen zusammen. Die Hohlvenen fließen in der rechten Vorkammer.

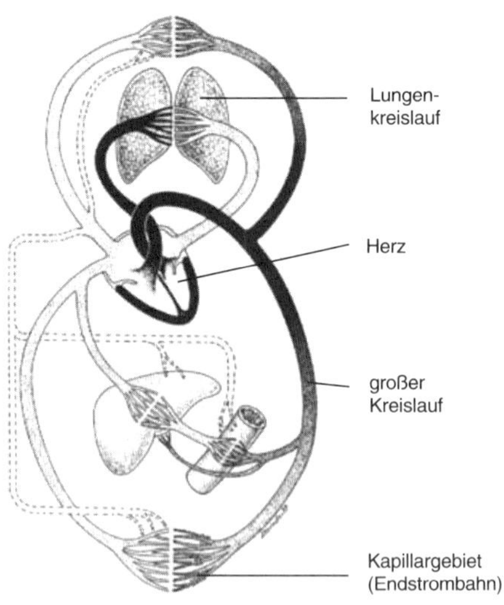

Abb. 63:
Schematische Darstellung des Kreislaufes (nach Rohen, Lütjen-Drecoll 1990)

3.4.4 Fetaler Kreislauf

Er unterscheidet von den Kreislaufverhältnissen, die nach der Geburt herrschen, dadurch, artielles und venöses Blut nicht streng getrennt sind. Der mütterliche Organismus stellt sauerstoffreiches Blut zur Verfügung. Von der Plazenta, einer Einrichtung zur Ernährung des Embryos, läuft die Nabelvene mit sauerstoffreichem Blut über den Ductus venosus Arantii zur hinteren Hohlvene. Durch den Zufluss der Beinvenen, der Lebervenen etc. entsteht ein Mischblut. Die hintere Hohlvene führt zum Herzen (rechter Vorhof). Hier teilt sich der Blutzufluss in zwei Ströme und passiert je eine Öffnung. Der größere Anteil fließt durch das Foramen ovale in die linke Vorkammer. Der geringere Teil fließt über die rechte AV-Öffnung in die rechte Kammer und wird von dort aus in die Lungenvenen gepumpt. Auf dem Wege zur Lunge teilt sich wiederum der Blutstrom. Ein Teil des Blutes fließt über eine embryonale Verbindung zwischen Lungenvene und Aorta, dem Ductus arteriosus Botalli, zur Aorta.

Der Blutstrom, der die linke Herzhälfte erreicht (via Foramen ovale) wird in die Aorta gepumpt und damit der Körper versorgt.

Die Besonderheiten des fetalen Kreislaufes sind:

- Keine Trennung zwischen arteriellem und venösem System.
- Es existieren zwei Kurzschlüsse, die dazu führen, daß die Lunge, die noch nicht atmet, nur minimal mit Blut versorgt wird (auf Vorhofebene das Foramen ovale; extrakardial der Ductus arteriosus Botalli).
- Beide Kommunikationen stellen einen Rechts-Links-Shunt dar. Die Wanddicke der beiden Kammern ist gleich.

Mit der Geburt, dem Einsetzen der Atmung, ändern sich die hämodynamischen Bedingungen. Der erste Atemzug führt zur Entfaltung der Lungen, zum Abfall des Druckes im Lungenkreislauf, zur Obliteration des Ductus arteriosus Botalli und ductus venosus Arantii. Aus beiden Strukturen werden bindegewebige Bänder. Das Foramen ovale schließt sich; der Blutdruck steigt, die Wanddicke des Herzens nimmt zu; das Herzgewicht steigt relativ.

3.5 Harn- und Geschlechtsorgane (Urogenitaltrakt)

Zwischen den Harn- und Geschlechtsorganen bestehen geschichtlich enge Zusammenhänge, so daß zwei scheinbar verschiedene Vorgänge (Harnbildung und -ausscheidung sowie die Bereitstellung von Geschlechtszellen) in einem Organsystem organisiert sind.

3.5.1 Harnorgane

3.5.1.1 Niere (Ren; Nephros)

Die Niere ist ein paariges Organ, welches hochdorsal und paramedian in der Bauchhöhle, ventral der Wirbelsäule und der Lendenmuskulatur liegt. Bauchhöhlenseitig ist die Niere von Fettgewebe und Peritoneum umgeben.

Die Niere entwickelt sich aus primitiven Vorstufen, die sich embryonal zumindest vorübergehend nachweisen lassen. Die Lappung der Niere ist auf Wachstumsprozesse der Nierenanlage zurückzuführen. Die Lappenbildung ist bei den meisten Tieren vorübergehend vorhanden, beim Rind bleibt sie lebenslang bestehen.

Eingeteilt wird die Niere in das zentral gelegene Mark und die periphere Rinde. Funktionelle Einheit der Niere ist das Nephron. Dies setzt sich zusammen aus einem Nierenkörperchen, bestehend aus einem Kapillarknäuel (Glomerulum), einer Epitheltapete, die den Raum um das Kapillarknäuel umgibt (Bowmansche Kapsel),

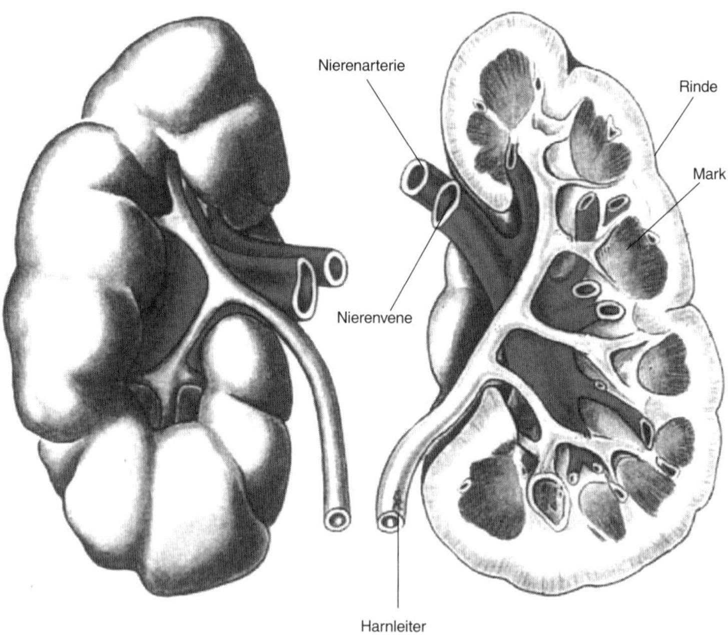

Abb. 64: *Niere vom Rind (nach Koch, Berg 1990)*
Man beachte die Läppchenstruktur, die die Rinde mit einschließt

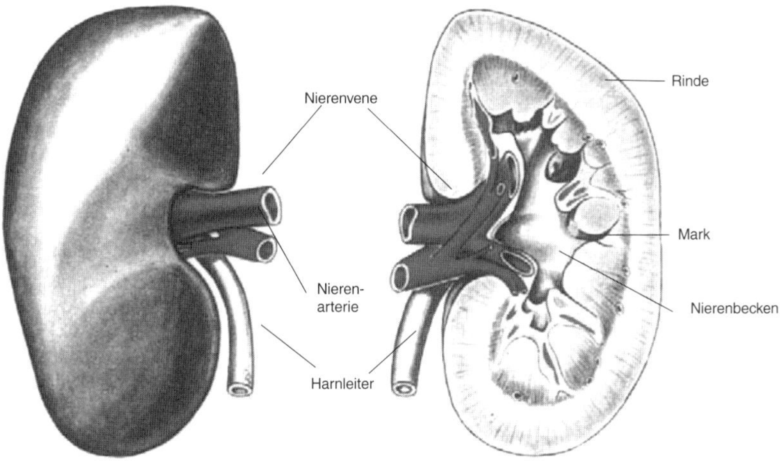

Abb. 65: *Niere des Schweines (nach Koch, Berg 1990)*

sowie einem Gangsystem. Das Kapillarknäuel (arterielles Wundernetz) stellt eine Ansammlung von Endothelschläuchen, die auf einer Basallamina aufliegen, dar.

Die Bowmansche Kapsel besteht aus zwei Epithelblättern. Das äußere Blatt behält seine Epithelstruktur, das innere Blatt lagert sich dicht an die Kapillarschlingen an, so daß die kapselartige Struktur verloren geht und eine Schicht von Fußzellen (Podozyten) entsteht. Diese Zellen bilden keine geschlossene Schicht mehr, sondern ein System von Fortsätzen, zwischen denen schlitzförmige Öffnungen vorhanden sind. Das Endothel und die Basallamina der Kapillaren bilden mit den Fortsätzen der Podozyten einen Filter (Blut-Harn-Schranke).

3.5.1.1.1 Juxtaglomerulärer Apparat

Am Winkel zwischen ein- und ausführendem Blutgefäß des Nierenkörperchens liegen epitheloide Mesangiumzellen, die mit den Macula densa-Zellen am frühdistalen Tubulus einen autonom innervierten Komplex darstellen. Die Zellen haben Kontakt zum präglomerulären arteriellen Endothel. Die Gesamtheit der Zellen wird als juxtaglomerulärer Apparat bezeichnet. Dieser nimmt eine Schlüsselrolle bei der Natrium-Homöostase und der Blutdruckregulation ein.

3.5.1.1.2 Tubulussystem

Von der Bowmanschen Kapsel entspringt das sogenannte Hauptstück, ein markwärts verlaufender Tubulus, der sich lumenseitig durch einen Mikrozottenbesatz auszeichnet. In diesem Tubulusteil sind umfangreiche Reabsorptionsvorgänge angesiedelt. Es schließt sich das Überleitungsstück an, welches zunächst markwärts läuft, dann umbiegt und wieder markwärts läuft. Dieser Teil wird als Henlesche Schleife bezeichnet. Hier treten wenig Mikrozotten auf. Funktionell ist hier die Wasserrückresorption lokalisiert.

Die Fortsetzung des Tubulus ist das Mittelstück, welches ohne scharfe Grenze zum Sammelrohr mündet. Die Sammelrohre münden als Nierenpapille in das Nierenbecken. Dieses ist ein mit Schleimhaut ausgekleideter Raum.

Die Niere ist mit einem speziellen Gefäßsystem versehen. Von der Nierenarterie ziehen zunächst Äste in die Rinde, sie teilen sich, bilden Anastomosen und bilden die afferenten Gefäße der Nierenkörperchen. Die afferenten Gefäße werden zu Venen, die sich sammeln und die Nierenvene bilden.

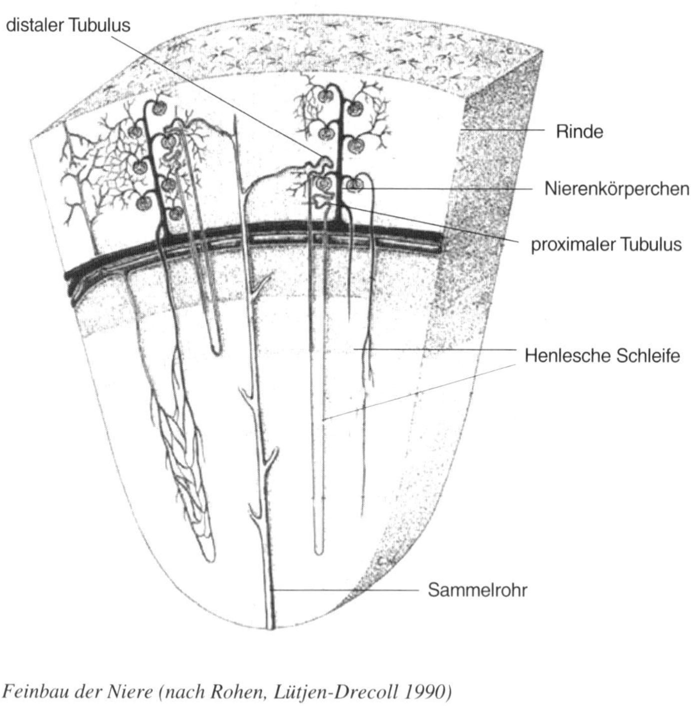

Abb. 66: *Feinbau der Niere (nach Rohen, Lütjen-Drecoll 1990)*

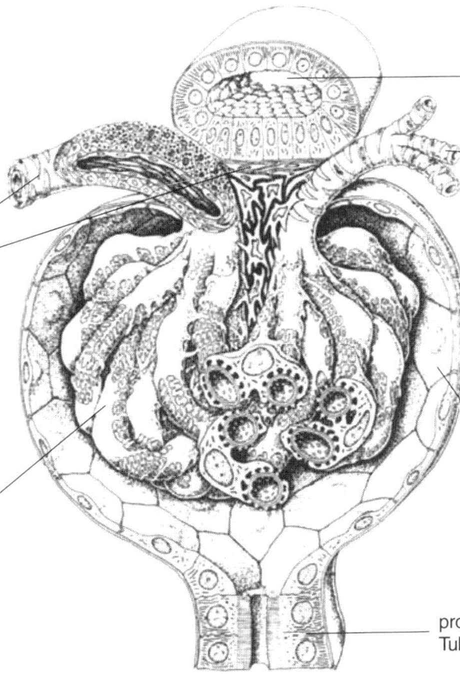

Abb. 67: *Aufbau eines Nierenkörperchens (nach Bargmann aus Geneser 1990)*

3.5.1.2 Harnleiter (Ureter)

Der Harnleiter stellt die Verbindung zwischen Niere und Harnblase her. Zunächst verläuft der Harnleiter retroperitonal, kaudal und hochdorsal in der Bauchhöhle, er zieht dann ventral und erreicht so die dorsale Blasenwand. Der Harnleiter ist mit einer Schleimhaut ausgekleidet. Die Muskelschicht besteht aus mehreren Lagen glatter Muskelzellen. Subepithelial treten Blutgefäße und Nerven auf.

Der Harnleiter transportiert den Harn zur Harnblase. Charakteristisch ist die sogenannte Spindelperistaltik. Es treten spindelförmige Auftreibungen auf, die eine bestimmte Menge Harn enthalten. Diese Auftreibungen wandern zur Blase, dort wird der Harn entleert. Der Harnleiter hat eine spezielle Konstruktion der Muskelschicht: zwei äußere Muskelschichten, die eine Kreismuskelschicht umschließen.

3.5.1.3 Harnblase (Vesica urinaria)

Die Harnblase stellt einen mit Schleimhaut ausgekleideten, muskulös-häutigen Sack dar, der am Beckeneingang liegt, auf dem Beckenboden ventral. In Abhängigkeit vom Füllungszustand kann sich die Blase in die kaudale Bauchhöhle ausdehnen. Die Blase besteht aus dem kranial gelegenen Scheitel, dem Körper, und dem kaudalen Blasenhals. Dieser läuft aus in der Harnröhre.

3.5.2 Geschlechtsorgane

Die geschlechtliche Fortpflanzung ist eine Eigenheit der Vertrebraten. Bei den meisten Wirbeltieren ist das Geschlecht funktionell getrennt. Es werden die eigentlichen Gonaden und die Ableitungswege unterschieden. In den Gonaden werden die Keimzellen (Eizelle / Spermien) unterschieden. Bei den weiblichen Tieren existiert darüber hinaus eine Nist- und Schutzmöglichkeit für die befruchtete Eizelle. Die Ausführungsgänge sind mit Kopulationsorganen organisch verwachsen.

3.5.2.1 Weibliche Geschlechtsorgane

Das weibliche Geschlechtssystem setzt sich aus den Eierstöcken, dem Eileiter, der Gebärmutter und der Scheide mit Scham zusammen. Die Eierstöcke sind die Bildungsorte der Eizellen, während die anderen Organe zum Transport, zur Reifung und Entwicklung des neuen Lebens dienen. Die Scheide und die Scham werden als Kopulationsorgane angesehen.

Der Eierstock (Ovarium, Oophoron)

Der Eierstock stellt ein paariges Organ dar, welches hochdorsal und paramedian in der Bauchhöhle, kranial vom Beckeneingang und kaudal der Nieren liegt. Das Organ ist an einem Gekröse aufgehangen. Der Eierstock besteht aus zwei Schichten, einer Rinde und dem Mark (Ausnahme Pferd). Um das Organ befindet sich eine Bindegewebshülle. Die Rinde besteht aus Bindegewebsfasern und Zellen sowie den verschiedenen Stadien der Eizellen sowie dem Gelbkörper. Das Eierstockmark besteht aus lockerem Bindegewebe und Blutgefäßen, die ein Geflecht bilden. Eizellen und Gelbkörper fehlen.

Follikel

Hinsichtlich der Breite und Erscheinungsform werden vier verschiedene Follikelpopulationen unterschieden, die als Primordial-, Primär-, Sekundär- und Tertiärfollikel bezeichnet werden.

Ein Follikel besteht aus zwei Anteilen, einer Eizelle und einem Epithel. Später können andere Bestandteile hinzukommen. Zum Zeitpunkt der Geburt sind ca. 100.000 bis 200.000 Follikel vorhanden. Diese Überproduktion zeigt, daß der Arterhaltung eine entscheidende Bedeutung beigemessen wird. Im Laufe des Lebens kommt nur ein Teil der Follikel zur Reifung; ein Teil bildet sich zurück.

Die Eizellen stammen von Urformen ab (Oogonien). In der fetalen Periode der Oogonien vermehren sich diese. Erst später - zur Geburt oder nach der Geburt - kommt es zur Bildung von Primordialfollikeln. Um die Eizelle bildet sich ein Follikelepithel, das zunächst aus niedrigen Zellen besteht. Durch weitere Reifeprozesse entsteht der Primärfollikel. Das Epithel wird hochprismatisch, eine neue Schicht - die Zona pelucida - bildet sich aus. Wir befinden uns jetzt im Stadium des Sekundärfollikels. Weitere Umbauvorgänge erfolgen: das Epithel wird mehrschichtig, die Zona pelucida wird abgeschlossen. Bestimmte Epithelzellen nehmen Kontakt zur Eizelle auf.

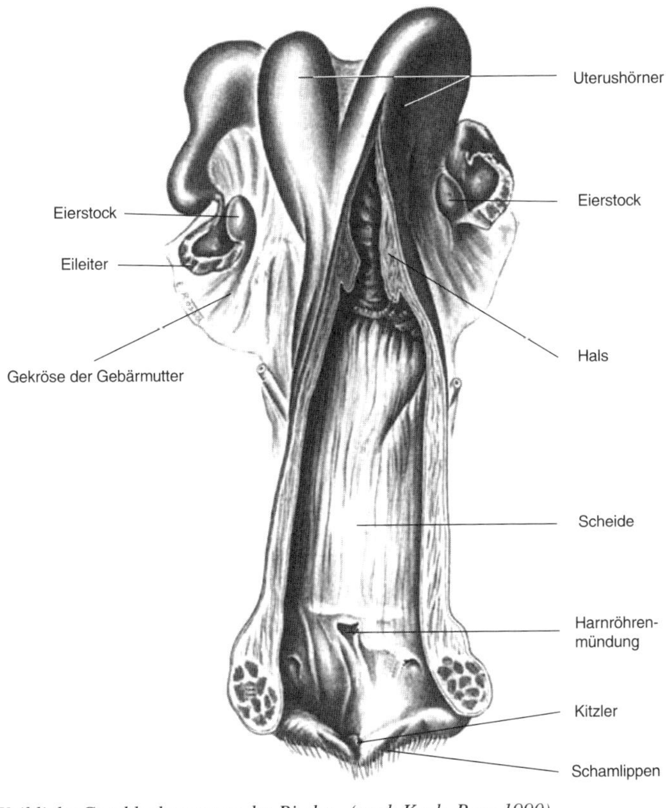

Abb. 68: *Weibliche Geschlechtsorgane des Rindes (nach Koch, Berg 1990)*

An diesen Kontaktstellen reduziert sich die Zona pellicuda auf einen schmalen Zytoplasmaausläufer. Die Ausläufer der Epithelzellen bilden mit der Eizelle Zell–Zell-Kontakte (gap junctions mit macula adhaerentes). An diesen Stellen ragen in die Eizelle Zytofilamente hinein. Diese Zellkontakte spielen eine Rolle bei der Ernährung und Regulation der Eizelle.

Es bildet sich eine zweischichtige Ummantelung heraus, die im besonderen Maße der Ernährung der Eizelle und der Produktion endokriner aktiver Substanzen dient. Diese Ummantelung wird in eine Theka interna und Theka externa unterteilt. Dabei stehen die Theka interna-Zellen im Dienste der Hormonproduktion.

Durch das Auftreten interzellulärer Flüssigkeitsspalten, die später konfluieren, wird das Stadium des Tertiärfollikels eingeleitet. Diese Entwicklungsform besteht aus einem mit Flüssigkeit gefüllten Raum, der von einer Granulosazellschicht begrenzt ist. Die Eizelle liegt - umgeben von einer Zellschicht - exzentrisch in dem flüssigkeitsgefüllten Raum. Die Flüssigkeit wird als Liquor folliculi bezeichnet. Der intrafollikuläre Druck nimmt zu, und durch partielle Proteolyse der Wand des Follikels bzw. des Eierstock-Bindegewebes wird die Eizelle freigesetzt, das heißt, sie verlässt den Eierstock. Diesen Vorgang nennt man Eisprung (Ovulation). Zurück bleibt die Ovulationsgrube.

Aus der Wand des Follikels entsteht ein Gelbkörper (Corpus luteum). Diese Struktur bereitet den Körper auf eine zu erwartende Trächtigkeit vor; sie bildet Progesteron, das Trächtigkeits-Schutzhormon. Bei nichteinsetzender Trächtigkeit bildet sich der Gelbkörper wieder zurück. Im Falle der stattgefundenen Trächtigkeit bleibt dieser bestehen, bis dieser seine Tätigkeit langsam einstellt und somit die nahe Geburt sich andeutet.

Eileiter (Salpinx, Tuba uterina)

Der Eileiter stellt ein schlauchförmiges, gewundenes Gebilde dar, welches sich dem Eierstock anschließt und eine Verbindung zur Gebärmutter herstellt. Eierstockseitig befindet sich der Trichter mit Fimbrien, die durch ihre Bewegungen die gesprungene Eizelle aufnehmen können. Vom Trichter aus geht es in einen weitlumigen Kanalabschnitt, der Ampulle. Hier findet die Befruchtung der Gameten statt. Später, uterusseitig, verengt sich das Lumen und der Eileiter geht in den Uterus über.

Die Eileiterwand besteht aus Serosa, einer starken glatt-muskulösen Schicht mit elastischen Fasern und einer in Falten gelegenen Schleimhaut.

Gebärmutter (Uterus; Metra)

Die Gebärmutter ist das Organ, welches im Dienste des Schutzes, der Ernährung und Entwicklung des neuen Lebens steht. Das Organ liegt kranial am Beckeneingang zwischen Enddarm und Harnblase. Es liegt fast vollständig in der Bauchhöhle (Ausnahme: nicht tragende Färse). Die Lage variiert im Falle einer Trächtigkeit. Im fortgeschrittenen Stadium schiebt sich der Uterus kranioventral in die Bauchhöhle vor.

Der Uterus besteht aus den beiden Hörnern, dem unpaaren Körper sowie dem Hals. Ein Gekröse befestigt das Organ in der Umgebung. Die Hörner des Uterus sind unterschiedlich lang. Besonders das Schwein hat lange Uterushörner. Beim Rind sind die Hörner ventral eingelrollt, beim Pferd und Fleischfresser eher gestreckt. Die Hörner laufen im Körper zusammen, der kaudal im Gebärmutterhals (Zervix uteri) seinen Abschluss findet. Der Gebärmutterhals besitzt eine längliche Gestalt, er wird jeweils vom inneren und äußeren Muttermund verschlossen. Die Wand der Gebärmutter ist außen von Serosa überzogen. Diese Schicht wird als Perimetrium bezeichnet. Eine starke, glatt-muskulöse Schicht, das Myometrium, schließt sich an. Die Innenauskleidung der Uterushöhle wird durch das Endometrium gebildet. Diese Schicht unterliegt einem zyklusabhängigen Wechsel der Morphologie. Subepithelial liegt eine zellreiche Schicht mit Uterindrüsen sowie freien Zellen, die als Lymphozyten, Makrophagen und Plasmazellen angesprochen werden müssen. Interzellulär liegt ein wechselnder Gehalt an amorpher Interzellularsubstanz. Der unterschiedliche Gehalt bedingt den unterschiedlichen Ödematisierungsgrad während des Zyklus'.

Bei den Wiederkäuern treten drüsenlose Schleimhautbereiche auf, die knopfartig in das Lumen hineinragen und als Karunkeln bezeichnet werden.

Die Höhe des Drüsenepithels nimmt im Verlaufe des Zyklus' zu und nach dem Metöstrus wieder ab. Auch die Uterindrüsen sind zeitweise aktiviert. Besonders im Metöstrus, aber auch im Östrus findet eine Entfaltung der Drüsen statt.

Im Zervixkanal liegen Schleimhautfalten, deren Zellen einen zähen Schleim sezernieren. Damit wird der äußere Muttermund verschlossen. Die Eigenschicht ist hier stärker mit Bindegewebsfasern durchsetzt.

Der Uterus ist stark vaskularisiert. Auch Lymphgefäße treten auf. Mit der Zyklusbildung im Eierstock wandert das Zweizellenstadium in den Uterus, wo es mehrere Wochen in der Höhle liegt. Die Implantation, d. h. das Einnisten, und der Aufbau einer Plazenta geschieht durch Zell–Zell-Kontakte zwischen maternalem Epithel und Trophoblast. Später bildet sich eine Plazenta, die jeweils aus einem maternalen ud fetalen Anteil besteht. Ersterer wird vom Endometrium, zweiter Teil vom Chorion des Embryos gebildet. Je nach Art und Weise des fetomaternalen Kontaktes unterscheiden wir eine epitheliochoreale Plazenta (Rind, Schwein, Pferd, Schaf, Ziege), eine endotheliochoreale Plazenta (Fleischfresser). Bei ersterer Form liegt das Chorionepithel am Uterusepithel an. Beide Strukturen bleiben erhalten. Zotten von Chorion und Uterus dienen der engen Verzahnung von Uterus und Fetus. Die endotheliochoreale Plazenta ist prinzipiell gleich aufgebaut, jedoch senkt sich das Chorion tiefer in die Schleimhaut des Uterus ein, bis der Kontakt zum Endothel maternater Gefäße hergestellt ist. Bei der hämochorealen Plazenta (Primaten) senken sich die Chorionzotten bis auf die mit Blut gefüllten Räume ein.

Scheide (Vagina, Kolpos)

Sie schließt sich kaudal der Zervix an und liegt ventral des Mastdarmes und dorsal der Harnblase im retroperitonealen Teil der Beckenhöhle. Die Scheidenwand besteht aus glatter Muskulatur und einer drüsenlosen Schleimhaut. Diese unterliegt zyklusabhängig einer gewissen Morphokinese. Beim Rind z. B. wechselt das z. T. verhornte Epithel in eine unverhornte Zellschicht. Beim Schwein wechselt die Epithelhöhe. Im kaudal gelegenen Scheidenvorhof liegen Vorhofsdrüsen. In der Wand sind glatte Muskeln vorhanden.

Die weibliche Harnröhre - sie beginnt am Blasenhals - verläuft ventral der Scheide kaudal, sie durchbohrt die ventrale Scheidenvorhofswand und mündet in der Harnröhrenöffnung.

Scham (Vulva, Cunnus)

Sie ist der äußere Abschluss der weiblichen Geschlechtsorgane und besteht aus einem Paar Schamlippen, die die Schamspalte umfassen. Ventral liegt der Kitzler (Clitoris), welcher in einer Schleimhautfalte versteckt ist.

3.5.2.2 Männliches Geschlechtsorgan

Hoden (Testes, Orchides)

Der Hoden stellt die Keimdrüse beim Männchen dar. Es produziert die Samenzellen und ist auch endokrin aktiv. Topographisch liegt der Hoden extraabdonominal zwischen den Oberschenkeln in der Leistengegend (Ausnahme: Hund, Katze, Schwein; hier liegt der Hoden kaudal der Oberschenkel, hochdorsal in der sog. Mittelfleischgegend). Der Hoden liegt in einer mehrschichtigen Hülle, dem Hodensack. Dieser stellt eine Ausstülpung der Bauchhöhle dar. Außen ist der Hodensack von behaarter Haut überzogen. Bindegewebe, Muskulatur und eine innere Serosaschicht sind weitere Strukturelemente. Der Hodensack hat eine stets offene Verbindung zur Bauchhöhle.

Der Hoden selbst stellt eine von einer derb-elastischen Kapsel umgebenen Struktur dar. Von der Kapsel gehen Bindegewebssepten in das Innere des Organs. Durch die Bindegewebssepten entstehen zahlreiche Läppchen. Im Hodenparenchym verlaufen die Samenkanälchen, welche subkapsulär beginnen, in das Innere des Hodens ziehen und im Nebenhoden münden. Die stark gewundenen Samenkanälchen bestehen aus einer faserreichen Schicht, die auf einer Basallamina sitzt, und dem Keimepithel. Dort liegen auch die verschiedenen Stufen der Spermatozyten und die Sertoli-Zellen. Diese spielen eine wichtige Rolle bei der Spermienbildung. In den Zellen liegen undifferenzierte Urformen der Samenzellen. Die Sertoli-Zellen sind über tight-junctions miteinander verbunden. So entsteht die Blut–Hoden-Schranke. Die Sertoli-Zellen produzieren das androgen-bindende Protein und auch Laktat, welches die

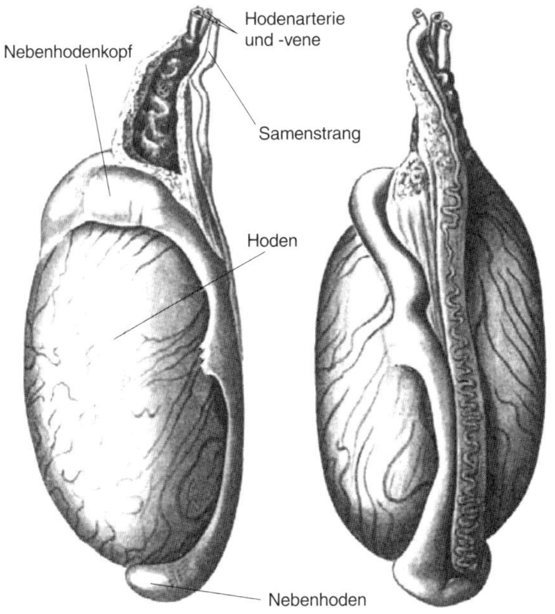

Abb. 69:
Hoden eines Rindes (nach Koch, Berg 1992)

Spermien für den Stoffwechsel brauchen. Die Wechselwirkung zwischen Sertoli-Zellen und Spermien ist für deren Reifung notwendig. Daher gibt es zahlreiche Zell–Zell-Verbindungen zwischen den genannten Zellen.

Zwischen den Gängen liegen die Leydigschen Zwischenzellen, die im Dienste der Testosteron-Produktion stehen.

Im Inneren des Hodens liegt das bindegewebsreiche Hodennetz. Hier laufen die Samenkanälchen zusammen, teilweise anastomisieren sie; aus ihm gehen die Nebenhodengänge hervor.

Nebenhoden (Epididymis)

Der Nebenhoden liegt entlang am Hoden und ist durch ein Band mit diesem verbunden. Das Organ besteht aus Kopf, Körper und Schwanz.

Der Kopf beinhaltet eine Anzahl kleiner Ausführungsgänge, die vom Hoden kommen. Diese Gänge fließen zum Nebenhodenkanal zusammen. Dieser ist ausgekleidet mit einem Epithel und einer bindegewebig-muskulösen Schicht. Im Epithel liegen u. a. Zilienzellen (Flimmerzellen). Der Nebenhoden ist von einer zarten Bindegewebskapsel umgeben. Der Nebenhodengang geht über in den Samenleiter.

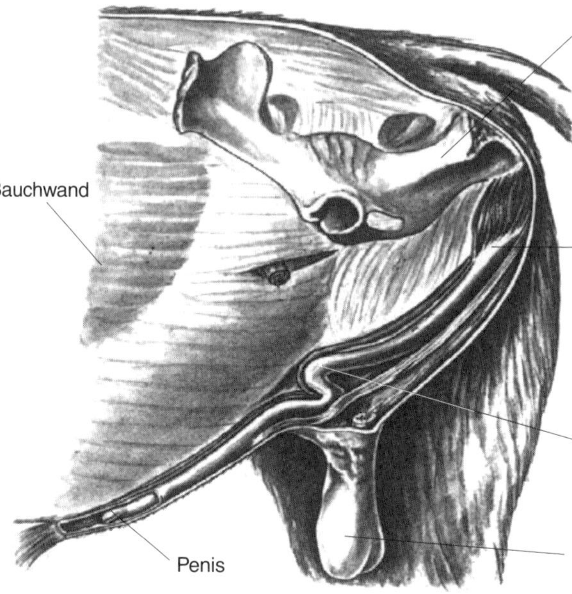

Abb. 70: Männliche Geschlechtsorgane beim Rind (nach Koch, Berg 1992)
Man beachte die S-förmige Krümmung des Penis

Samenleiter (Ductus deferens)

Der Samenleiter stellt die Verbindung zwischen Nebenhodengang und Harnröhre dar. Er ist ein muskulöses, schlauchartiges Organ, welches im dorsalen Bogen zur Bauchhöhle zieht. Innen ist der Samenleiter von einer Schleimhaut ausgekleidet. Eine glatt-muskulöse Schicht schließt sich nach außen an. Diese transportiert den Samen vom Nebenhodengang mit einigen Kontraktionen weiter zum Penis.

Akzessorische Geschlechtsdrüsen

Diese produzieren ein Sekret, welches den Spermien beigemischt wird; das Ejakulat entsteht. Die Drüsen haben typischen Läppchenaufbau. Daneben kommt reichlich glatte Muskulatur vor. Die Samenblasendrüse liegt dorsalateral am Blasenhals. Sie kommt bei fast allen Tieren vor (Ausnahme: Fleischfresser). Die Vorsteherdrüse (Prostata) kommt bei allen Tieren vor und liegt an der Harnröhre. Die Harnröhrenzwiebeldrüse besteht aus zwei Drüsenkörpern und liegt unmittelbar am Ende des Besckenstückes der Harnröhre. Diese Drüse kommt beim Hund nicht vor.

Penis

Bei den uns interessierenden Tieren findet die Befruchtung im weiblichen Organismus statt. Beim Männchen haben sich spezielle Strukturen herausgebildet, die es ermöglichen, den Samen in den weiblichen Organismus zu verbringen.

Vom Periost der Sitzbeinausschnitte ziehen zwei bindegewebig muskulöse Penisschenkel, die sich bald vereinigen, zwischen den Oberschenkeln zur ventralen Bauchwand (Ausnahme: Katze, Kaninchen; hier geht der Penis kaudal). Der Peniskörper besteht aus zwei Schwellkörpern. Diese bestehen aus Bindegewebe, welches Septen in das Innere entsendet und glatter Muskulatur. So entsteht ein schwammartiges Hohlraumsystem. Bei sexueller Erregung kommt es zur Blutfüllung, bei gedrosseltem Blutabfluss (vaskulärer Typ des Penis, er kommt beim Pferd vor). Beim fibroelastischen Typ des Penis (Wiederkäuer, Schwein) liegt in dem Gerüstwerk viel Bindegewebe mit elastischem Netzen und glatten Muskelzellen. Die kavernösen Räume werden von Muskelfasern und elastischen Ringlamellen umgeben. Die Erektion erfolgt über die Streckung der S-förmigen Kurve, die sich an den Oberschenkeln befindet (Wiederkäuer, Schwein). Beim Hund gibt es einen Penisknochen, der die Erektion mit unterstützt.

Der Penis läuft in einer tierartlich unterschiedlich gestalteten Penisspitze bzw. der Eichel (Glans penis) aus. Beim Pferd und Hund ist eine Eichel deutlich ausgeprägt. Ihre Grundlage bildet der Schwellkörper der Eichel. Sie leitet sich vom Schwellkörper der Harnröhre her. Beim Wiederkäuer und Schwein ist keine Eichel vorhanden; der Penis läuft spitz aus.

Beim kleinen Wiederkäuer setzt sich die Harnröhre auch nach Erreichen der Penisspitze ein Stück als häutiger Schlauch fort. Beim Fleischfresser ist die Eichel konisch zugespitzt und schwellfähig. Der Kater trägt an der Eichel verhornte Papillen. Der freie Teil des Penis steht in einer heutigen Tasche, der Vorhaut (Präputium). Hier liegen auch einige Drüsen. Im Falle der Erektion kann der Penis durch die Vorhautöffnung ausgeschachtet werden. Beim Eber liegt am Präputium der Nabelbeutel. Er enthält ein übelriechendes Sekret.

Der Penis wird autonom innerviert über das Kreuzgeflecht.

3.6 Immunsystem

Das Immunsystem umfasst die unspezifische und die spezifische Abwehr. Erstere beinhaltet Reaktionen, die das Eindringen, die Vermehrung und die Verbreitung von Keimen im Organismus verhindern bzw. zumindest verzögern. Dazu gehören bakterizid wirkende Stoffe (Lysozyme), Interferon und das Makrophagen-System. Die spezifische Abwehr - sie wird im Laufe des Lebens erworben - ist eine zielgenaue Antwort des Körpers auf einen bestimmten Keim. Diese spezifische Immunantwort wird unterteilt in die humorale und in die zellvermittelte Abwehr. Die humorale Immunantwort beruht auf der Bildung von Immunglobulinen, die als Antikörper in der Lage sind, Antigene zu binden. Die zellvermittelte Immunität umfasst die Bildung von Lymphozyten, die je nach Funktion (Sensibilisierung, Präsentation) gegen Antigene aktiv vorgehen können.

3.6.1 Lymphozyten

Diese Zellgruppe bildet die Grundlage der zellvermittelten Immunität. die Zellen sind mesenchymaler Herkunft; sie stammen aus Stammzellen des Knochenmarks ab. Die T-Lymphozyten gelangen zum Thymus. Dort erhalten sie, wie auch die B-Lymphozyten eine Prägung.

Aus den Lymphozyten entsteht eine Vielzahl von Zellpopulationen. Sie zeichnen sich teilweise durch sehr spezialisierte Leistungen aus. Aus den T-Lymphozyten werden Helferzellen, die die Makrophagen beeinflussen. Einige B-Lymphozyten differieren zu Plasmazellen und zu Gedächtniszellen. Die B-Lymphozyten stellen Antikörper her.

3.6.2 Makrophagen-System

Dieses stellt ein phylogenetisch altes System dar. Es lässt sich bis auf die Avertebraten zurückverfolgen. Das Konzept des Makrophagen-Systems geht auf *Aschoff* (1924) zurück, der mit dem Begriff des retikulo-endothelialen Systems (RHS) alle Zellen umschrieb, die Vitalfarben annehmen und die eine phagozytierende Aktivität entwickeln. Im wesentlichen handelt es sich um Retikulumzellen von der Milz, den Lymphozyten, Zellen der Sinusoide von Leber, Lymphknoten, Milz, Knochenmark, Nebennieren und Hypophyse, sowie die große Familie der freien Makrophagen und der Histiozyten.

Funktionell nehmen die Zellen eine Eliminationsfunktion wahr. Sie erkennen Fremdes, binden und metabolisieren es. Die Erkennungsstrukturen liegen auf der Zelloberfläche in Form von Rezeptoren. Die Phagozytose ist ein basaler zellulärer Vorgang, der entsprechende, spaltende Enzyme (Hydrolasen) in Form von Lysozym in den Lysosomen zur Voraussetzung hat.

3.6.2.1 Makrophagen

Makrophagen lassen sich ableiten von hämozytopoetischen Stammzellen. Ihre Größe schwankt; die Zelloberfläche besitzt Mikrozotten und Falten. Auf der Oberfläche existieren Glykoproteine zur Fixierung von Antigenen. Die Zellen verfügen über einen reichlichen Organellenbestand. Sie sind beweglich aufgrund der Fähigkeit, Pseudopodien zu bilden. Die Makrophagen sind an der Bildung von Antikörpern beteiligt. Daneben werden ein Monozyten-aktivierender Faktor und ein Makrophagen-aktivierender Faktor gebildet.

3.6.2.2 Granulozyten

Die Granulozyten gehören zum Makrophagen-System. Ihren Namen verdanken sie Granula (Körner), die als Peroxysomen gedeutet werden.

Hinsichtlich ihrer Affinität zu Farbstoffen werden die Granulozyten unterschieden:

- neutrophile Granulozyten
- basophile Granulozyten und
- eosinophile Granulozyten.

Erstere werden in blutbildenden Organen, postfetal vom Knochenmark gebildet. Sie zirkulieren im Blut und neigen zu amöboiden Bewegungen. Per Diapedese können sie die Kapillaren verlassen und phagozytieren (Mikrophagen). Die Bedeutung neu--trophiler Granulozyten liegt in der Phagozytose und in der Abgabe lysosomaler Enzyme. Darüber hinaus geben sie bioaktive Substanzen ab. Diese spielen bei der Entzündungsreaktion eine gewisse Rolle, da sie in der Lage sind, Mastzellen zur Histamin-Freisetzung zu provozieren. Histamin führt zur Vasodilatation, die Gefäßpermeabilität steigt, durch Flüssigkeitsverschiebungen entsteht ein lokales Ödem mit Rötungen, die Flüssigkeit drückt auf Nervenendigungen, was als Schmerz wahrgenommen wird. Neutrophile Granulozyten phagozytieren den Keim, die Zellen sterben bald.

Diese Reaktionskaskade stellt im wesentlichen den basalen Mechanismus der Entzündung dar.

Bei den eosinophilen Granulozyten ist die Phagozytose-Fähigkeit als gering einzuschätzen. Diese Zellen bilden eine Histaminase und eine Sulfatase und wirken so der akuten Entzündungsreaktion entgegen.

Die basophilen Granulozyten weisen in ihrer Granula Histamin auf. Ihre Beteiligung an Entzündungsvorgängen ist wahrscheinlich.

3.6.3 Lymphatisches System

Das lymphatische System besteht aus den primären Immunorganen und dem peripheren Immunsystem. Zu den primären Immunorganen zählen der Thymus und die Bursa fabricii (Vögel), bei den Säugern das Bursaäquivalent.

3.6.3.1 Thymus

Dieses Organ stellt den Kreis der T-Lymphozyten dem Körper zur Verfügung. Diese Zellen werden auch als Thymus-dependent cells bezeichnet Die Bezeichnung verdeutlich die engen funktionellen Beziehungen zwischen dem Organ und dieser Zellfamilie. Die Prägung der Zellen findet sowohl fetal als auch postfetal statt. Später, im Erwachsenenalter, bildet sich der Thymus zurück.

Der Thymus stellt ein aus Läppchen aufgebautes Gebilde dar, welches beim Jungtier zwischen der Herzbasis kranial tierartlich unterschiedlich weit zieht. Der Grundstock bildet ein bindegewebiges Netzwerk, in welchem die Lymphozyten eingelagert sind.

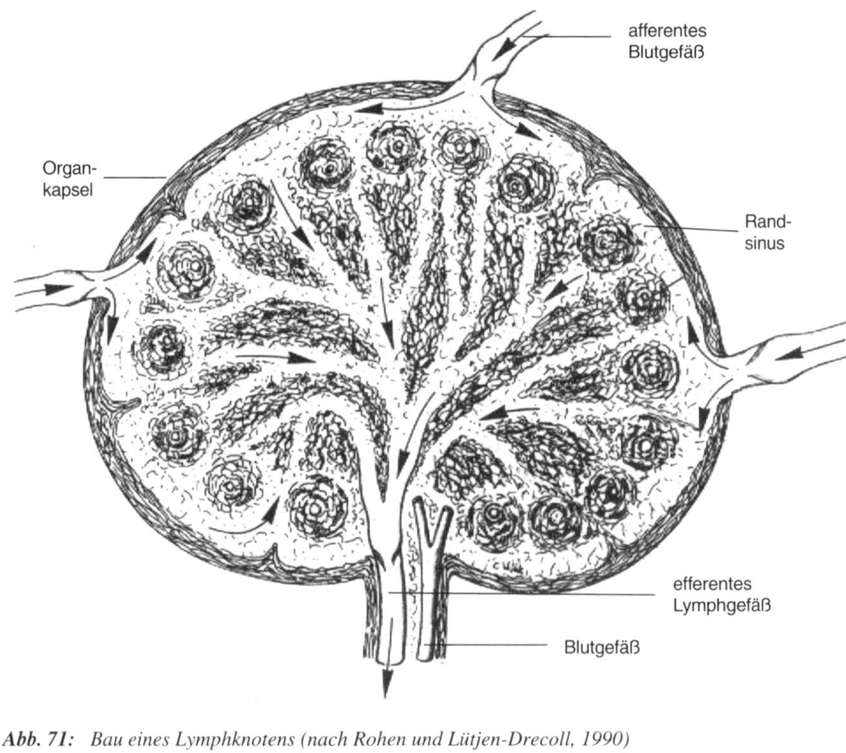

Abb. 71: *Bau eines Lymphknotens (nach Rohen und Lütjen-Drecoll, 1990)*
Man beachte die Verlaufsrichtung der Lymphe (durch Pfeile markiert)

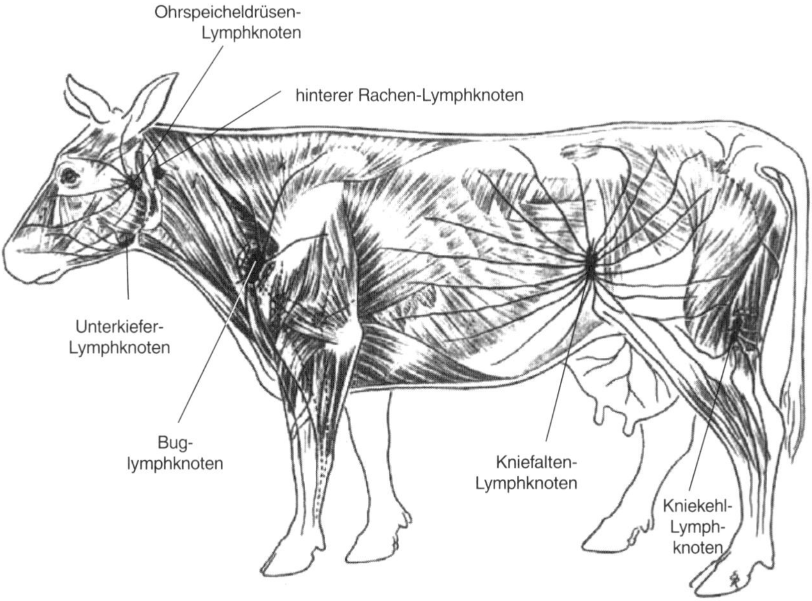

Abb. 72: *Oberflächlich gelegen Lymphknoten beim Rind mit den tubulären Gebieten (nach Koch, Berg 1993)*

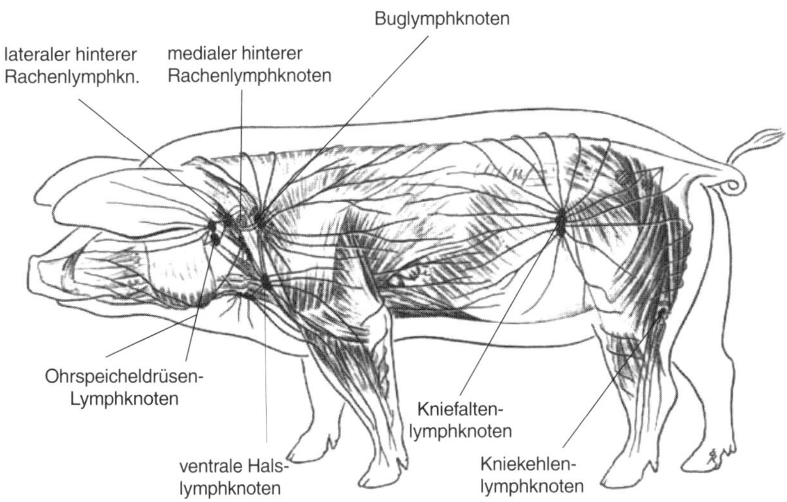

Abb. 73: *Oberflächlich gelegene Lymphknoten mit den tributären Gebieten beim Schwein (nach Koch, Berg 1993)*

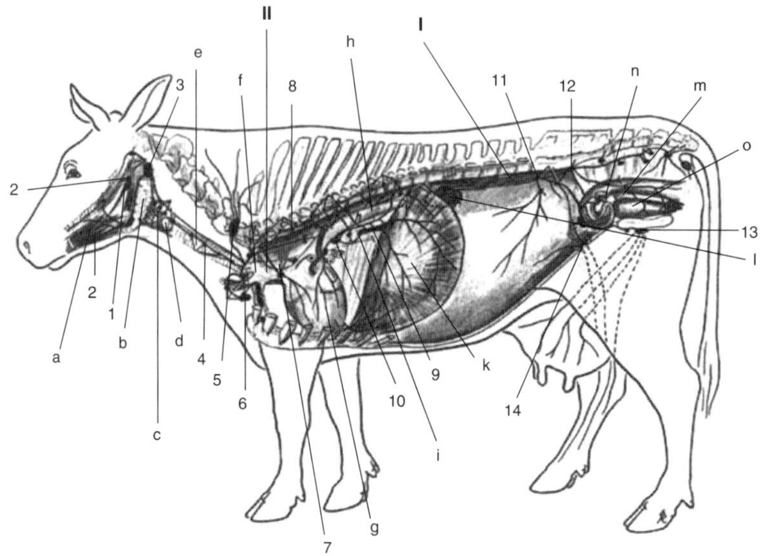

Abb. 74: *Tiefe Lymphknoten mit den tributären Gebieten beim Rind (nach Koch, Berg 1993)*

1	*Unterkieferlymphknoten*	*2*	*medialer hinterer Rachenlymphknoten*
3	*lateraler hinterer Rachenlymphknoten*		
4	*tiefe Halslymphknoten*	*5*	*oberflächlicher Halslymphknoten*
6	*Lymphknoten des Brusteinganges*	*7*	*Mittelfell-Lymphknoten*
8	*Lymphknoten an der Aorta*	*9*	*caudaler Mittelfell-Lymphknoten*
10	*Lymphknoten an der Luftröhrenaufzweigung*		
11	*Lymphknoten an der Bauchaorta*	*12*	*Leistenlymphknoten*
13	*Leistenlymphknoten*	*14*	*tiefer Leistenlymphknoten*
a	*zweibäuchiger Muskel*	*b*	*Ohrspeicheldrüse*
c	*Rachen*	*d*	*Schilddrüse*
e	*Luftröhre*	*f*	*Arm-Kopf-Stammarterie*
g	*Herz*	*h*	*Aorta*
i	*Speiseröhre*	*k*	*Zwerchfell*
l	*Niere*	*m*	*Eierstock*
n	*Gebärmutter*	*o*	*Harnblase*
I, II	*Lymphgefäßstämme*		

Das Parenchym ist vom Bindegewebe umgeben, welches bindegewebige Straßen in die Tiefe des Organs entsendet. Im Bindegewebe laufen Blutgefäße entlang. Der Thymus ist in der Fetal- und Postfetal-Periode besonders aktiv. Später setzt die sog. Thymusinvolution ein, d. h., das Parenchym wird ersetzt durch Fett- und Bindegewebe. Das Thymusparenchym nimmt ab.

Lymphknoten	Lage	tributäres Gebiet
Bauchhöhlenlymphknoten mit Magen(Pansen)-Lymphknoten, Leber(Portal)-Lymphknoten, Bauchspeicheldrüsenlymphknoten, Milzlymphknoten	am Magen (Pansen) an der Leberpforte Bauchspeicheldrüse an den Milzgefäßen	Magen Leber, Milz Pankreas Peritoneum
kraniale Gekröselymphknoten Leerdarmlymphknoten Grimmdarmlymphknoten Blinddarmlymphknoten	Darmgekröse	Dünndarm; teilw. Dickdarm
kaudale Gekröselymphknoten	im Dickdarmgekröse	Teile des Dickdarms
Kniekehllymphknoten	Kniekehle	Beckengliedmaße
Kniefaltenlymphknoten	Kniefalte	Haut auf der Rumpfseite; Präputium
Ohrspeicheldrüsenlymphknoten	ventral der Parotis und des Kiefergelenks	Oberschädel: Parotis; teilw. Kaumuskulatur; Ohr; Unterkiefer; Tränenapparat
Kehlgangslymphknoten	Kieferwinkel	Mundhöhle, Kopfhaut, Kopfmuskeln, Speicheldrüsen
Rachenlymphknoten hinten - lateral - medial	auf bzw. am Rachendach - beim Pferd ventral des Luftsackes	Kehlkopf; Nase; Rachen; Zunge
Buglymphknoten	kranial des Schulterblattes	Teile der Schultergliedmaße
tiefe Halslymphknoten	paratracheal am Brustbein	tiefe Teile des Halses; Thymus; Speiseröhre
Achsellymphknoten	Beugeseite des Buggelenkes	Schultergliedmaße

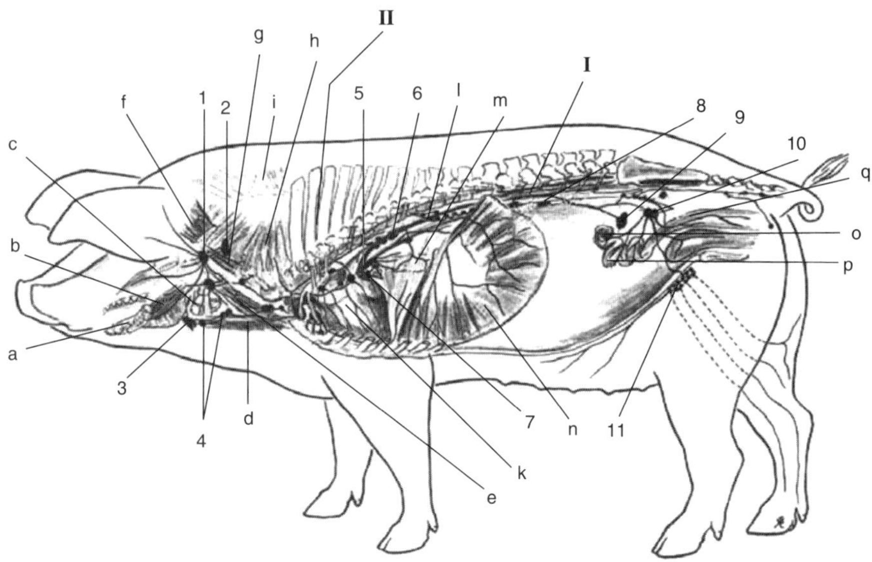

Abb. 75: *Tiefe Lymphknoten mit den tubulären Gebieten beim Schwein (nach Koch, Berg 1993)*

I; II Lymphstammgefäße

1	*medialer hinterer Lymphknoten*	*2*	*oberflächlicher Halslymphknoten*
3	*Unterkieferlymphknoten*		
4	*tiefe Halslymphknoten*	*5*	*Mittelfell-Lymphknoten*
6	*Lymphknoten an der Aorta*	*7*	*Lymphknoten an der Luftröhrenaufzweigung*
8	*Lendenlymphknoten*	*9*	*lateraler Hüftlymphknoten*
10	*medialer Hüftlymphknoten*	*11*	*oberflächlicher Leistenlymphknoten*

a	*Unterzungenspeicheldrüse*	*b*	*zweibäuchiger Muskel*
c	*Unterkieferspeicheldrüse*	*d*	*Brustbein-Zungenbein-Muskel*
e	*Brustbein-Kopf-Muskel*	*f*	*Arm-Kopf-Muskel*
g	*Schulter-Querfortsatz-Muskel*	*h*	*gesägter ventraler Halsmuskel*
i	*Trapezmuskel*	*k*	*Herz*
l	*Aorta*	*m*	*Speiseröhre*
n	*Zwerchfell*	*o*	*Eierstock*
p	*Gebärmutter*	*q*	*Harnblase*

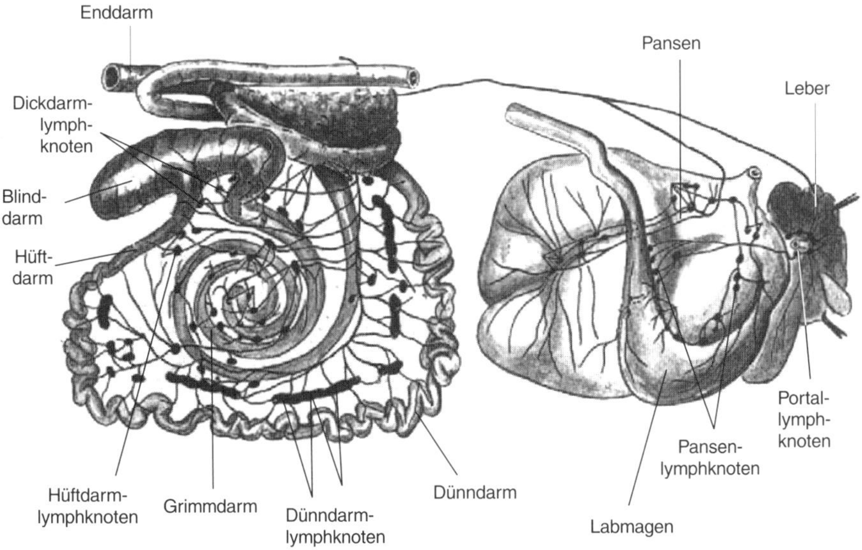

Abb. 75a: Lymphknoten des Magen-Darm-Traktes beim Rind (nach Koch, Berg 1993)

3.6.3.2 Knochenmark

Das Knochenmark dient der Erythrozyten- und der Granulozyten-Bildung. Postembryonal stellt es das Blutbildungsorgan dar. Das Knochenmark entsteht aus einem Geflecht von Retikulumzellen, in den Maschen lagern sich Stammzellen ein. Das Knochenmark liegt in der Markhöhle der Knochen. Es ist gekennzeichnet durch seine Beziehungen zu sinusartig erweiterten venösen Kapillaren.

3.6.3.3 Sekundäre Immunorgane

Für die peripheren (sekundären) Innenorgane ist das Vorhandensein eines retikulären Gewebes charakteristisch. Da das Immungeschehen von entscheidender Bedeutung für den Organismus ist, findet sich in allen Körperregionen kompakt oder diffus lymphoretikuläres Gewebe. Zu den Immunorganen zählen Lymphknoten und Milz. Diese Organe bilden mit den immunkompetenten Zellen und auch mit dem Kreislauf eine funktionelle Einheit.

An Prädilektionsstellen des Magen–Darm-Traktes liegt lymphoepitheliales Gewebe, die Mandeln im Rachenraum und die Peyerschen Platten im Ileum.

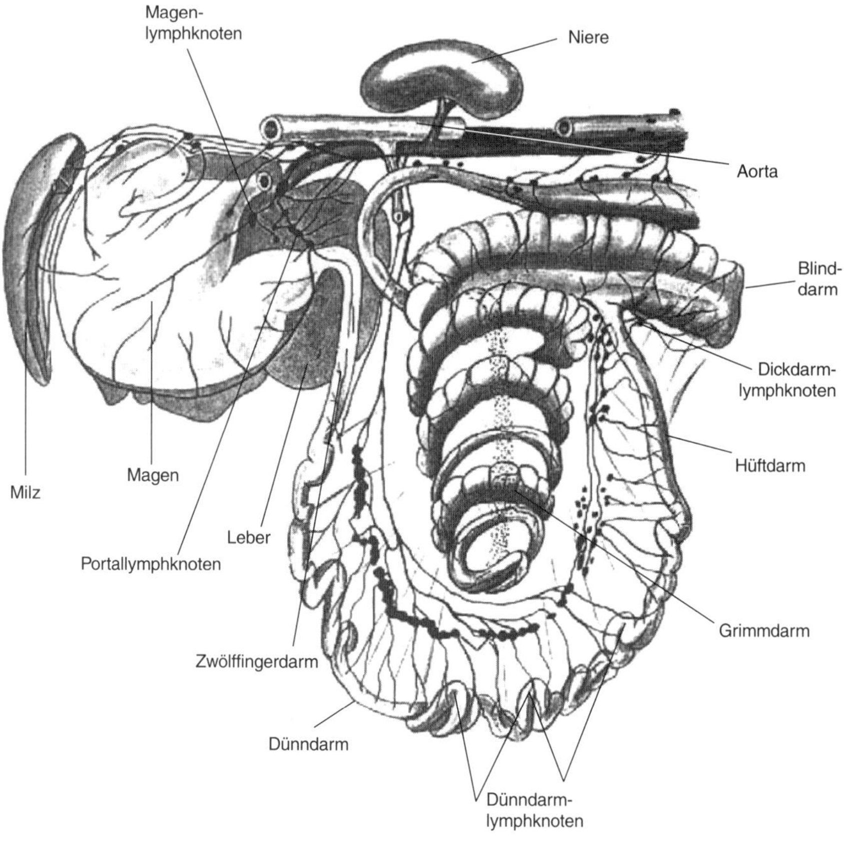

Abb. 76: *Lymphknoten des Magen-Darm-Traktes beim Schwein (nach Koch, Berg 1993)*

3.6.3.4 Milz (Splen; Lien)

Das Organ liegt auf der linken Seite im kranialen Teil der Bauchhöhle. Lateral liegt es an der rippengestützten Bauchwand, medial am Magen (Pansen). Medial liegt der Hilus, wo Gefäße aus- und eintreten.

Die Milz sorgt für den Abbau der roten Blutkörperchen, sie fungiert als Blutspeicher und kontrolliert das Blut auf Schadstoffe. Die Milz besitzt eine bindegewebige Kapsel, in dieser liegen glatte Muskelzellen und elastische Fasern. Von der Kapsel gehen Trabekel in die Tiefe. Diese bilden die Grundlage für das interstitielle Gerüst, in welchem das Milzparenchym (Pulpa) liegt. Zelluläre Grundlage ist die Retikulumzelle.

Wir unterscheiden die rote und die weiße Pulpa. Erstere besteht aus Retikulumzellen. In der Nähe liegen Blutgefäße. Diese laufen zunächst an den Trabekeln, sie zweigen sich auf; in diesem Gefäßabschnitt sind sie von lymphoretikulärem Gewebe umgeben. Die venösen Teile sind teilweise erweitert zu dem Milzsinus. Die Wand besteht aus gefensterten Endothelien.

Die weiße Pulpa stellt lymphoretikuläres Gewebe dar. Sie liegt in der Pulpaarterie in Form der Milzkörperchen.

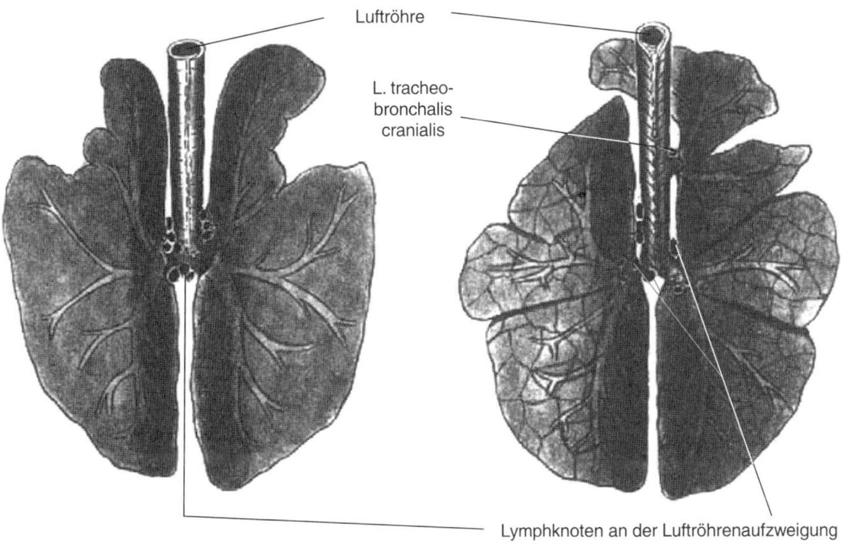

Abb. 77: *Lymphknoten und Luftröhrenaufzweigungen beim Pferd (links) und beim Rind (nach Koch, Berg 1993)*
Man beachte, daß beim Rind - und auch beim Schwein - ein Bronchus von der Luftröhre abzweigt, ***bevor*** *diese sich gabelt. An dieser Stelle liegt ein Lymphknoten.*

3.7 Haut und Hautanhangsorgane

3.7.1 Die äußere Haut (Cutis)

Sie stellt die äußere Hülle des Körpers dar und besitzt vielfältige Funktionen. Neben dem Schutz des Körpers steht die Haut im Dienste der Abwehr, der Wärmeregulation, der Sinneswahrnehmung und sie übernimmt wichtige Funktionen im Sozialverhalten. Charakteristisch ist, daß die Haut bei den meisten Säugern mehr oder weniger von Haaren bedeckt ist. Darüber hinaus gibt es einige Hautorgane wie Hörner, Geweihe, Nägel, Krallen und Hufe. Die Haut besitzt eine Vielzahl von Drüsen, von denen die Milchdrüse die wohl bekannteste ist - sie wird in einem eigenen Kapitel abgehandelt.

Die Haut besitzt einen geschichteten Aufbau. Oberflächlich liegt die epitheliale Oberhaut (Epidermis) sowie die bindegewebige Lederhaut (Corium), die auf der Unterhaut lagert. Die Oberhaut besteht aus mehrschichtig verhorntem Plattenepithel; dieses gewährt einen mechanischen Schutz. In tiefen Schichten liegen Melaningranula, welche die Hautfarbe bestimmen.

Die Lederhaut setzt sich aus straffen Bindegewebe, einem Papillarkörper, Talgdrüsen und Schweißdrüsen zusammen. Das Bindegewebe stellt ein dreidimensionales Netzwerk dar. Der Papillarkörper besteht aus Vorwölbungen in die äußere Schicht. Mit dieser Verzahnung wird die mechanische Festigkeit vergrößert. In der Tiefe kommen retikuläre und kollagene Fasern vor, die ein Netzwerk bilden. Hier treten auch mannigfaltige Blutgefäße und Nervenendigungen auf.

Die Unterhaut stellt eine Verschiebeschicht dar, besonders beim Fleischfresser und teilweise auch an bestimmten Stellen beim Wiederkäuer ist die Haut leicht beweglich. Tierartlich unterschiedlich kommt Unterhautfettgewebe vor (Rückenspeck beim Schwein).

3.7.2 Hautdrüsen

Zu diesem Komplex zählen Talg-, Schweiß- und Duftdrüsen. Die Talgdrüsen treten fast immer als Anhangsorgane der Haare auf. Der Talg fettet die Haut und die Haare ein und dient als Schutz vor Austrocknen. Beim Schwein sind die Talgdrüsen nur rudimentär vorhanden.

Die Schweißdrüsen sind geknäuelte tubulöse Drüsen. Sie sezernieren ihr Sekret (Schweiß) im Rahmen der Wärmeregulation.

Die Duftdrüsen sind tierartlich verschieden verteilt. Hervorzuheben sind die Zirkumanaldrüsen beim Fleischfresser.

3.7.3 Haare

Die Haare stellen aus der Epidermis hervorgegangene Hornfäden dar. Sie sind typisch für die Säuger. Der Pigmentgehalt bestimmt die Haarfarbe. Bei den Haustieren gibt es nur wenige haarlose Körperzellen (Flotzmaul, Rüssel, Hörner). Haare sind entweder diffus verteilt (Rind, Pferd) oder in Gruppen (Schwein, Fleischfresser) angeordnet. Die Haare sind meist kaudoventral gerichtet. Dies entspricht umgekehrt der Gangrichtung, so daß sich die Haare bei der Fortbewegung nicht aufrichten. Die Haare sind parallel gelegt und meist schräg (außer Schaf) in die Epidermis eingelagert.

In unmittelbarer Nähe befinden sich Haarbalgmuskeln, deren Kontraktion bewirkt das Sträuben der Haare (besonders Fleischfresser).

Im Haar werden der Schaft, die Wurzel, die Scheide und die Zwiebel unterschieden. Die Haarzwiebel umgreift die Papille, die ein Blutgefäßknäuel enthält. Die Wurzelscheide umfasst die Wurzel. Das Haar selbst besteht aus dem Mark, der Rinde und der Kutikula. Die Hauptsubstanz stellt das Keratin dar.

Man unterscheidet mehrere Haarformen. Das Deck- oder Fellhaar ist tierartlich unterschiedlich lang. Beim Schaf tritt das Wollhaar auf, welches gekräuselt erscheint. Die Gesamtheit der Wollhaare wird auch Vlies genannt.

Sinushaare stehen im Dienste der räumlichen Orientierung (Tasthaare). Der Begriff leitet sich aus dem blutgefüllten Raum (Sinus), in dem die Wurzel steckt, ab. In dem Blutsinus enden Nerven. Bekanntes Beispiel sind die Schnurrhaare der Katze.

3.7.4 Das Zehenendorgan

Eine besondere Ausbildung erfährt die distale Gliedmaße der Tiere. Die Morphologie ist im engen Zusammenhang mit der Funktion des Fußes und mit der Art der Fußung zu sehen. Einige Tiere laufen auf den Zehen (Einhufer, Paarhufer). Bei diesen Tieren vollzieht der Fuß eine spezifische morphologische Entwicklung, die der immensen Beanspruchung der Fußungsfläche gerecht wird. Es kommt zur Ausbildung von Hornhautgebilden, die wir als Huf oder Klaue bezeichnen. Andere Tiere laufen auf dem Ballen und benutzen die Gliedmaße (Pfoten) zum Klettern oder auch als z. T. gefährliche Waffe. Gemeint sind hier die Krallen, besonders die der Katzen.

Der Huf besteht aus einem verhornten Hautüberzug, der die dort gelegenen Stützelemente zu schützen vermag. Zu diesen zählen die Phalanx III und der distale Teil der Phalanx II. Der Hautüberzug besteht aus der Hufunterhaut, der Huflederhaut und der Epidermis. Die Hufunterhaut stellt ein bindegewebiges Polster aus einem Maschenwerk von elastischen Fasern sowie reichlich Blutgefäßen dar. Stellenweise kommen Kissen und Polster vor, die bindegewebig sind. Diese Polster gehen in das

Periost des Hufbeines über. Auf der Unterhaut liegt die nerven- und blutgefäß-reiche Lederhaut. Die Bezeichnung der Lederhaut am Huf richtet sich nach der Topographie. Danach unterscheiden wir die Sohlen-, Strahl-, Ballen-, Wand-, Kron- und Saumlederhaut. Der Papillarkörper ist spezifisch modifiziert. Die Saum- und Kronlederhaut bilden Zöttchen, um welche die Hornröhrchen des Saum- und Kronhornes gebildet werden. Das Epithel, welches auf dem Zöttchen liegt, bildet die Hauptschicht des Hornes, welches distal wächst und am Tragrand abgerieben wird.

Das Horn, welches von der Epidermis gebildet wird, formt den Hornschuh in seiner Gesamtheit. Dieser Hornschuh umgibt die Phalanx III. Dorsal liegt der halbmondförmige Rand, der lateral und medial auf der palmar bzw. plantar in den Hufbeinästen ausläuft.

Die Hornwand besteht aus einer Glasurschicht, welche sich aus der Saumlederhaut herleitet, der massiven Schutzschicht, welche vom Horn des Kronsegmentes sich herleitet, sowie einer Verbindungsschicht, die von der Wandlederhaut ihren Ursprung hat.

Die Verbindungsschicht stellt den Zusammenhang zwischen Hornschuh und Lederhaut dar. Das heißt, die Innenseite des Hufes hängt im Hornschuh, Sohle und Ballen müssen nicht die gesamte Last tragen.

3.7.4.1 Klaue

Sie hat prinzipiell den gleichen Aufbau, die äußere Form ist der Knochenform angepaßt. Äußere Wand und die Wand der Zwischenzehenspalten verbinden sich im Rückenteil, der Ballen reicht relativ weit spitzwärts. Die Klauenseiten sind einander zugewandt.

3.7.4.2 Kralle

Die Fleischfresser weisen die ursprüngliche und die phylogenetisch ältere Form des Zehenendorgans auf. Das Krallenbein wird von einer Krallentüte umschlossen. Diese setzt sich aus einer dorsolateral liegenden Platte und der Sohle zusammen. Die Sohle schließt die Krallentüte plantar bzw. palmar ab. Die Epidermis bildet die Hornsohle, das Corium das Sohlenbett. Palmar bzw. plantar der Krallentüte ist der Zehenballen ausgebildet. Die Epidermis ist stark verdickt, der Papillarkörper hoch, die Durchblutung gut. In der Unterhaut liegt auch Bindegewebe. Der Ballen dient der Stoßminderung.

3.7.5 Hörner (Cornua) der Wiederkäuer

Die Wiederkäuer tragen in der kaudalen Stirngegend Hörner. Größe und Form können variieren. Die knöcherne Grundlage bildet der Hornfortsatz des Stirnbeines. Der Hornfortsatz besitzt einen Binnenraum, der mit der Stirnhöhle in Verbindung steht. Oberflächlich ist der Hornfortsatz überzogen von einem Periost, welches als Unterhaut fungiert. die Epidermis bildet das eigentliche Horn. Das Hornwachstum findet entlang der Längsachse statt.

3.8 Milchdrüse (Euter, Gesäuge, Mamma)

Ein Kennzeichen für die Säugetiere ist da Vorhandensein einer Drüse, die die Neugeborenen mit Nährstoffen zu versorgen vermag. Das Sekret dieser Drüse ist die Milch. Die Milchdrüse wird beim Wiederkäuer als Euter, beim Fleischfresser und Schwein als Gesäuge bezeichnet. Entwicklungsgeschichtlich stellt die Milchdrüse eine Schweißdrüse dar.

Die Lage der Milchdrüse ist bei den Tieren verschieden. Beim Wiederkäuer und Pferd liegt die Milchdrüse zwischen den Oberschenkeln in der Leistengegend. Beim Schwein und Fleischfresser dagegen zieht sich das Gesäuge von der Leistengegend bis zur Brustbeingegend. Die Milchdrüse setzt sich aus Drüsen(Mammar)-Komplexen zusammen. Diese Mammarkomplexe bestehen aus 1 – 2 Hohlraumsystemen, die sich aus dem Zitzenkanal, der Milchzisterne, den Milchgängen und den Alveolen zusammensetzen. Zu jedem Mammarkomplex gehört nur eine Zitze und damit ein Zitzenkanal. Dieser mündet in eine Zisterne, in der mehrere Milchgänge einmünden.

Das Schwein hat 6 – 8 Mammarkomplexe, der Hund 4 – 5, die Katze 4, die sich bilateral symmetrisch entlang der Medianebene erstecken. Der kleine Wiederkäuer und das Pferd haben 2 und das Rind 4 Mammarkomplexe.

Die Milchdrüse ist außen von Haut umgeben und besonders beim Rind zart behaart. die Mammarkomplexe sind durch Einbuchtungen voneinander getrennt. Die Milch wird dem Jungtier durch eine spezielle Einrichtung zugänglich gemacht: Die Zitze. Diese besitzt eine Zitzenöffnung, die in einen Kanal führt, der mit dem Gangsystem der Drüse in Verbindung steht. Die Befestigung des Euters erfolgt über die Rumpffaszie. Aufhängebänder, die dort ihren Ursprung haben, ziehen in die Tiefe des Organs.

Die Faszienblätter sind auch an der Bildung der bindegewebigen Organkapsel beteiligt. Von dieser strahlen Septen aus, die an der Bildung des interstitiellen Gewebes beteiligt sind. Im Interstitium liegen Gefäße. Die Blutversorgung ist außerordentlich hoch. Man bedenke, daß beim Rind für die Produktion von 1 l Milch 400 l Blut notwendig sind.

Das Parenchym wird gebildet durch die Alveolen und die Milchgänge. Hier erfolgt die Milchbildung. Die Alveole besteht aus Drüsenepithel, einem Myoepithel und einer Basallamina mit anliegenden Kapillaren. Die Morphologie des Parenchyms unterliegt Veränderungen, die vom Entwicklungsstatus abhängen. Eine Milchdrüse vor der Gravidität imponiert durch das Vorherrschen von Bindegewebe und Fett als Strukturkomponente. Während der Gravidität, also in Vorbereitung auf die Milchsekretion, entwickelt sich das Gangsystem mit den Drüsenendstücken. Milchgebende Drüsen (Frischmelker) besitzen ein gering ausgedehntes Interstitium und große Alveolen. Mit dem Absetzen der Jungtiere (altmelkende Tiere) nimmt der Anteil des Interstitiums zu, die Drüsenendstücke bilden sich zurück. Die Involution der Milchdrüse (bei Trockenstehern) schreitet fort, die Fettgewebskomponente erhält die Überhand.

Durch das interstitielle Bindegewebe (inter- und intralobulär) wird die Drüse unterteilt in Lappen und Läppchen. Das Drüsenepithel unterliegt einer sekretionsabhängigen Morphokinese. Dies betrifft die Entfaltung der Zellorganellen, endoplasmatisches Retikulum, Golgiapparat und Mitochondrien, der Menge der paraplasmatischen Einschlüsse sowie dem Erscheinungsbild des Zellkerns. Die Milchsynthese findet in den Organellen statt. Milch stellt eine Emulsion vom Typ Fett in Wasser dar. Sie ist ein feindisperses System, d. h., Teilchen verschiedener Größe liegen als dispergierte Phase in einem Dispersionsmittel (flüssige Phase). Interessant in diesem Zusammenhang ist, daß die Fettkügelchen von einer empfindlichen Membran umgeben sind. Dieser Sachverhalt hat technologische Konsequenzen, da bei Zerstörung der Membran (z.B. durch Schütteln) die Milchfette in die Flüssigphase eintreten können und so für Bakterien zugänglich sind.

Subepithelial liegt eine Basallamina, die mit dem Bindegewebe in Verbindung steht. Zwischen Basallamina und Drüsenepithel liegen die Myoepithelien, ausgestattet mit langen Fortsätzen, die durch tight-junctions miteinander verbunden sind. Die Myoepithelzellen sind zur Kontraktion fähig, sie verfügen über Oxytocinrezeptoren. Bei Bindung von Oxytocin an diese Rezeptoren reagieren die Myoepithelien mit Kontraktion. Dies ist von entscheidender Bedeutung beim Saugvorgang.

Aus den Alveolen gehen die Milchgänge hervor, die in Zisternen münden. Diese werden in einen Drüsenteil und einen Zitzenteil eingeteilt. Beide sind durch einen Venenring voneinander getrennt.

Die Zitze stellt ein von äußerer Haut überzogenes Gebilde dar. Axial verlaufen ein bis mehrere Gänge (Rind ein Gang, Schwein z. B. mehrere Gänge). Diese Gänge münden in den Zitzenöffnungen. Euterseitig gehen die Gänge in die Zisterne über. Die Zitze besteht aus spiraligen Bindegewebsfasern mit langen Muskelzellen.

Beim Rind liegen kaudal an der Euterbasis die fühlbaren Euterlymphknoten. Das Euter ist reichlich mit Blut versorgt. Die Zitzen sind besonders reichlich sensibel innerviert. An den Gefäßen liegen sympathische und parasympathische Fasern.

4 Das Nervensystem

Das koordinierte Zusammenspiel der Organe, die Reizaufnahme und -antwort, die Interaktion zwischen Individuen, sowie die Sozialisation werden vornehmlich über das Nervensystem gesteuert. Es ist den anderen Organsystemen übergeordnet. Wesentliche Lebensfunktionen sind ohne das Nervensystem undenkbar (Motorik, Emotionen, Reizverarbeitung). Das Nervengewebe leitet sich aus dem äußeren Keimblatt ab. Mesodermaler Herkunft sind die Hirnhäute, die Ganglien und die sekundär einwachsenden Gefäße.

Das Nervensystem zeigt in der Entwicklungsgeschichte die Tendenz zur Kephalisation (Konzentration maßgeblicher Teile des Nervensystems im Kopf). Am Anfang (auf der Höhe des Lanzettfischchens) finden wir ein Rohr aus Nervengewebe, von dem Nerven in den Körper ziehen. Kranial liegt die Hirnblase. Ähnlich verläuft die Entwicklung beim Embryo. Auch hier gibt es eine Urhirnblase (Archencephalon), sehr bald entwickeln sich weitere Auftreibungen, das zweite Hirn (Deuterencephalon) entsteht, und das Drei-Bläschen-Stadium. Aus dem ersten Bläschen entwickelt sich die Augenanlage, aus dem Deuterencephalon das Mittelhirn und das Rautenhirn. Diese Gehirnteile sind phylogenetisch alt. Später entwickelt sich das Endhirn und das Zwischenhirn. Vom Rautenhirn aus sprosst das Nachhirn und das verlängerte Mark. Entsprechend dem phylogenetischen Alter sind auf den verschiedenen Entwicklungsstufen bestimmte Gehirnabschnitte dominant. Daher werden die Fische als Rautenhirntiere, die Amphibien als Mittelhirntiere, die Vögel aus Zwischenhirntiere und die Säuger als Großhirntiere bezeichnet.

4.1 Bestandteile des Nervensystems

Zwei Zelltypen sind für das Nervensytem typisch: die Nervenzelle und die Gliazelle. Erstere stellt den funktionellen Bestandteil dar, letztere übernimmt Aufgaben des Bindegewebes.

4.1.1 Nervenzelle (Neuron)

Die Zellen sind hochspezialisiert und haben die Fähigkeit zur Vermehrung verloren. Typisch für Nervenzellen sind Leitungsstrukturen. Nervenzellreiche Gewebe werden als graue Substanz, zellarmes bzw. -loses Gewebe als weiße Substanz bezeichnet.

Der kernhaltige Teil der Zelle wird als Perikaryon angesprochen. Von diesem Perikaryon gehen Fortsätze aus. Hinsichtlich der Fortsätze gibt es viele Varietäten (Zahl der Fortsätze; mit/ohne kollateralen Endbäumchen d.h. Telodendron). Diese Fortsätze (Neuriten) werden von Gliazellen umhüllt. Die Ausprägung der Hülle führt zur Einteilung zwischen markarmen (mit dünner Myelinschicht) und markreicher (mit dicker Myelinschicht) Neuriten (Axon).

4.1.2 Gliazellen

Sie stellen die Stützzellen im Nervengewebe dar. Darüber hinaus besitzen sie Speicherfunktionen und dienen der Phagozytose. Zu den Gliazellen gehören die Ependymzellen. Diese zottenbesetzten Zellen kleiden die Hohlräume des ZNS aus. Makroglia und Astrozyten besitzen lange Fortsätze, daher werden sie auch als Sternzellen bezeichnet. Die Mikroglia oder Oligodendroglia (Hortegazellen) sind amöboid und bei reaktiven Prozessen phagozytierend.

4.2 Teile des Nervensystems

Das Nervensystem wird in das zentrale Nervensystem (ZNS), bestehend aus dem Gehirn und dem Rückenmark; das periphere Nervensystem (PNS), welches die Masse der Nerven umfasst; und das vegetative Nervensystem (VNS), zusammengesetzt aus Parasympathikus und Sympathikus, eingeteilt.

Struktur und Funktion lassen eine Hierarchie im Nervensystem erkennen. An der Spitze steht das Gehirn, wobei dieses auch in Phylogenetisch alte und neuere Struktur einzuteilen ist. Das Rückenmark und seine Nerven sind älter, dem Gehirn also untergeordnet. Gehirn, Rückenmark und der gesamte Körper sind über sogenannte Bahnen miteinander verbunden. Bahnen, die einen Impuls vom Gehirn über Rückenmark zur Peripherie des Nervensystems tragen, werden als absteigende (efferente) Bahnen bezeichnet. Umgekehrt leitet eine aufsteigende (afferente) Bahn Impulse von der Peripherie zum ZNS. Die Qualität der afferenten Bahnen wird als "sensorisch" bezeichnet. Efferenzen leiten motorische Erregungen.

4.2.1 Synapsen

Oft werden Bahnen umgeschaltet. Die Verbindung zwischen Neuron wird als Synapse bezeichnet. Wir unterscheiden elektrische und chemische Synapsen. Erstere bieten das Bild eines Nexus, wobei sich die Membranen der Neurone bis auf einen synaptischen Spalt nähern. Dieser Spalt ist von protein-umhüllten Kanälchen durchsetzt. In diesen findet der interzelluläre Austausch statt.

Die chemischen Synapsen sind bei den Säugern wesentlich häufiger. Hier werden elektrische in chemische Signale umgewandelt. Die Synapse besteht aus einem präsynaptischen Teil (vor dem Spalt liegend), dem synaptischen Spalt und dem postsynaptischen Teil (nach dem Spalt liegend). Im Zellkörper des präsynaptischen Teiles liegen intrazelluläre Bläschen, welche den Botenstoff enthalten. Dieser wird bei elektrischem Reiz freigesetzt in den synaptischen Spalt. An der postsynaptischen Membran existieren Rezeptoren für die Bindung des Botenstoffes und auch Enzymsysteme, die den Botenstoff inaktivieren können.

4.2.2 Hüllen des Nervensystems

4.2.2.1 Harte Hirnhaut (Dura mater; Pachymeninx)

Das Zentralnervensystem ist von den sogenannten Hirn- und Rückenmarkshäuten (Meningen) umgeben. diese liegen zwischen der knöchernen Hülle (Schädel und Wirbelkanal) und der Organoberfläche.

Die äußerste Schicht ist die Innenauskleidung der Knochen, das Periost. Dieses ist mit der äußeren oder harten Hirnhaut (Dura mater, Pachymeninx) im Schädelbereich innig verwachsen. Im Wirbelkanal spaltet sich das Periost und die Dura, so entsteht ein Epiduralraum. Die Dura besteht aus straffem, faserreichem Bindegewebe, die Fasern dienen auch der Verstärkung der Blutleiterwand. Subdural liegt ein kapillärer Spalt, der mit Lymphkapillaren in Verbindung steht. Im Bereich des Gehirns bildet die Dura Falten, die Duraduplikaturen darstellen, die endothelial ausgekleidete Räume umschließen. Diese Räume werden als Blutleiter bezeichnet.

Das Blutleitersystem besteht aus zwei Teilen, einem dorsalen und einem basilaren Blutleitersystem. Beide sind miteinander verbunden.

Auf der Gehirnoberfläche (scheitelwärts) liegt ein sagittaler Längsblutleiter. Hier fließt das venöse Blut vom Scheitelbein, der Epiphyse und Teilen des Gehirns zusammen. Das Blut fließt weiter kaudal zum Felsenbeinblutleiter. Dieser verlässt die Schädelbasis als Vene und geht in die Drosselvene ein.

Das basilare Sinnessystem ist gekammert, d. h., die Hohlräume sind mit Maschen durchsetzt. Im Bereich der Wirbelsäule liegen auf dem Boden des Wirbelkanals zwei wellenförmig verlaufende Wirbelblutleiter.

4.2.2.2 Weiche Hirnhaut (Leptomeninx)

Diese besteht aus zwei Schichten; das äußere Blatt ist die Spinnwebenhaut (Arachnoidea) und das tiefergelegene innere Blatt stellt die Gefäßhaut (Pia mater) dar.

Spinnwebenhaut (Arachnoidea)

Sie ist eine kapillararme, zarte Haut, bestehend aus einem feinen Gespinst kollagener Fasern. Diese Haut ist beiderseits von endothel-ähnlichen Zellen überzogen. Von der Arachnoidea laufen bindegewebige Balken in die Tiefe, zum Subarachnoidealraum und bis zur Pia mater. Duraseitig liegen Arachnoideal- zotten, die sich in die Dura der Blutleiter einstülpen. Die Zotten leiten Liquor vom Subarachnoidealraum an die Blutleiter. So wird der Liquordruck reguliert.

Zwischen Arachnoidea und Pia mater liegt der Subarachnoidealraum, der mit Liquor gefüllt ist. Da die Arachnoidea die Gehirnfurchen überspringt, die Pia sich aber der Oberflächenkonfiguration des Gehirns anpasst, bilden sich im Bereich tiefer Einsenkungen größere Räume, die als Zisternen bezeichnet werden. Markante Zisternen liegen zwischen beiden Hirnhälften und am Hinterhauptsbein.

Pia mater

Sie liegt der Gehirn- und Rückenmarksoberfläche direkt an und besteht aus lockerem Bindegewebe, Blutgefäßen und Nerven. Die Pia verbindet sich über einer Grenzschicht mit einer gliösen Schicht des Gehirns. In ihr liegen Gefäße, die bis in das Gehirn ziehen. Die Pia begleitet die Gefäße ein Stück, im weiteren Verlauf wird sie zu einer Gefäßhülle in Form eines Spaltraumsystems. Die perivaskulären Räume werden auch als Virchow-Robinsche Räume genannt. Dieses Spaltsystem mit der Endothel fungiert als Blut–Hirn-Schranke. Im Bereich der Kapillaren gibt es keine perivaskulären Räume mehr; hier liegt eine einfache Schranke vor, bestehend aus dem Kapillarendothel und Astrozyten. Zwischen Pia und Ependym gibt es teilweise enge Lagebeziehungen.

Im Bereich der Hirnkammern ist die Pia besonders gefäßreich. Sie reiht sich an bestimmten Stellen in die Gehirnkammern ein. Derartige Stellen sind Adergeflechte (Plexus chorioidei); sie stehen im Dienste der Liquor-Produktion.

4.3 Das Rückenmark (Medulla spinalis)

Es stellt einen langen runden bis ovalen Strang dar, der im Wirbelkanal liegt. Kranial geht das Rückenmark auf der Höhe des Hinterhauptsbeines in das Nachhirn (Medulla oblongata) über, kaudal läuft im Bereich der Schwanzwirbel konusförmig aus und verjüngt sich nochmals zu einem Faden. Topographisch wird das Rückenmark in das Hals-, Brust-, Lenden- und Kreuzmark eingeteilt. Auf der Höhe der Gliedmaßen ist das Rückenmark verdickt. An diesen Stellen beginnen die Gliedmaßennerven.

Das Rückenmark besteht aus einem Mantel weißer Substanz und grauer Substanz, die im Querschnitt eine Schmetterlingsgestalt aufweist. In der Mitte liegt der liquor-gefüllte Zentralkanal. Vom Rückenmark entspringen die segmental angeordneten Rückenmarksnerven zur Versorgung der verschiedenen Körperabschnitte.

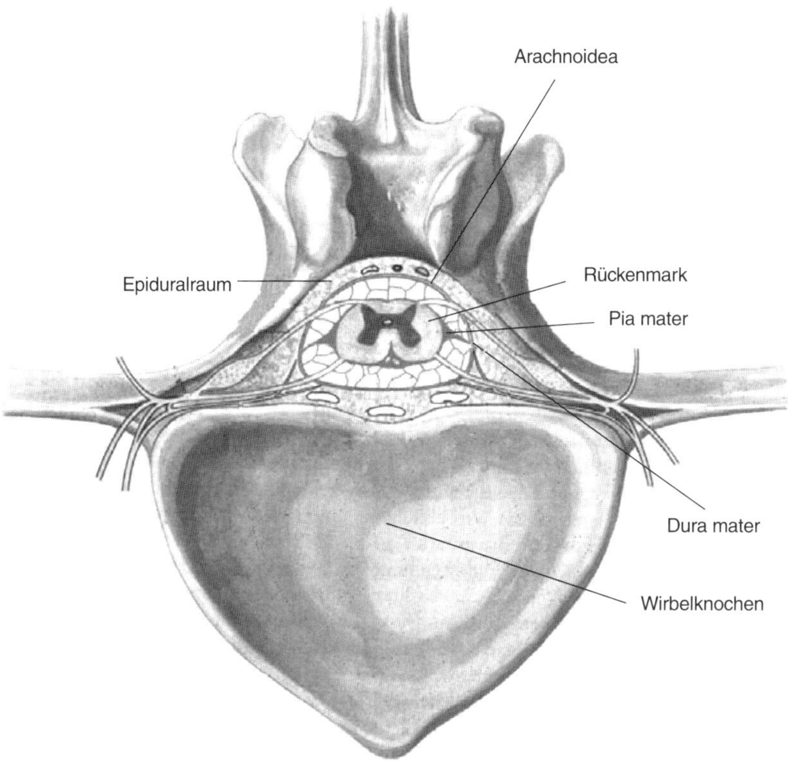

Abb. 78: *Rückenmark quer (nach Nickel, Schummer, Seiferle 1992)*
Man beachte, daß im Bereich der Wirbelsäule eine Epiduralraum liegt.

Die zentral gelegene graue Substanz besteht aus einer median gelegenen Kommissur, die die beiden Seiten miteinander verbindet. Dorsal und ventral läuft die graue Substanz in je einem Horn aus. An den Hörnern entspringen jeweils die Ventral- und Dorsalwurzeln der Rückenmarksnerven.

In den Ventralhörnern liegen die motorischen Vorderhornzellen (motorische Ganglien; Motoneurone), deren axone Impulse auf die Muskeln übertragen werden. Die sensiblen Ganglienzellen - sie liegen außerhalb des Rückenmarks und senden ihre Fortsätze in die Dorsalwurzel - leiten Impulse zum ZNS weiter.

Einen wesentlichen Bestandteil der grauen Substanz bilden die multipolaren Zellen sowie deren Fortsätze und Neuroglia. Die multipolaren Zellen sind z. T. zu Kernen (Nuclei) gruppiert. Diese Nuclei innervieren bestimmte Muskelgruppen. Bestimmte Wurzelzellen senden ihre Axone als Fasern aus dem Rückenmark, diese bilden die Spinalganglien. Bei anderen Zellen bleiben die Axone im Rückenmark (Binnenzellen). Bedeutendste Zellen sind die Motoneurone, auch als somatomotorische Zellen bezeichnet. Ihre Axone laufen zur quergestreiften Muskulatur. Außerdem liegen hier sympathische und parasympathische Wurzelzellen. Die Neuriten der sympathischen Wurzelzellen ziehen als präganglionäre Fasern zum Grenzstrang, werden dort umgeschaltet und laufen als postganglionäre Fasern an die Eingeweide. Auch parasympathische Wurzelzellen senden ihre Neuriten über die Ventralhörner aus. Die Binnenzellen werden in Schalt-, Assoziations-, Kommissur- und Strangzellen unterschieden. Erstere stellen die Verbindung zwischen afferenten und efferenten Bahnen dar und sind Teil der Reflexbögen. Neuriten der Kommissurzellen kreuzen die Kommissuren und damit die Körperseite.

Die weiße Substanz gliedert sich in Stränge auf, die aus weiteren Untereinheiten (Bahnen) bestehen. Dorsal- und Seitenstrang leiten sensible Erregung zum Gehirn. Vom Gehirn laufen motorische Bahnen besonders im Ventralstrang. Darüber hinaus gibt es Fasern des autonomen Nervensystems.

Es gibt auch Verbindungen, die nicht zum Gehirn laufen. So verbinden sich sensible Neurone mit motorischen Ventralhornzellen. diese Verbindung wird als Reflexbogen bezeichnet und kann durch Schaltzellen vermittelt werden. Bei Eigenreflexen erfolgt die Verbindung zwischen gleichen Segmenten (Patellarsehnenreflexe), bei Fremdreflexen sind die Verbindungen vielfältiger und dehnen sich auf mehrere tiefere oder höhere Segmente aus. Dazu gehören Haut- und Schleimhautreflexe.

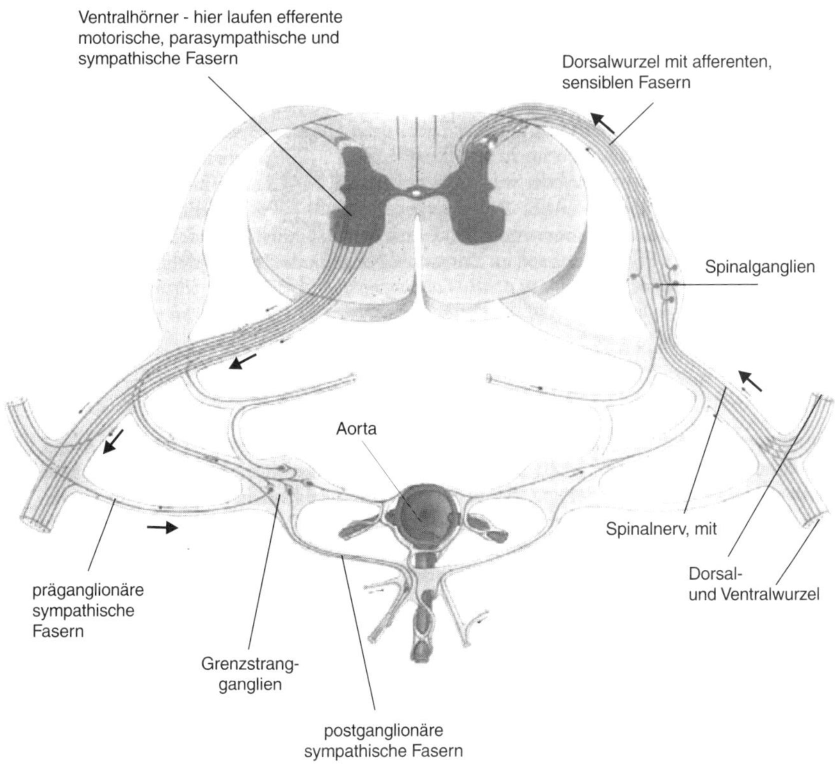

Abb. 79: *Afferente und efferente Bahnen im Bereich des Rückenmarks (nach Schummer, Nickel, Seiferle 1992)*

4.3.1 Hüllen und Gefäße des Rückenmarks

Die Pia mater und die Arachnoiden bilden die Leptomeninx. Sie liegt dem Rückenmark eng an. In der Leptomeninx liegt der Subarachnoidealraum, der mit Liquor gefüllt ist. Die Dura mater ist im Bereich des Rückenmarks zweiblättrig. Das äußere Blatt liegt direkt dem Wirbelkanal an, das innere Blatt ist durch einen Spalt von diesem getrennt. So entsteht der Epiduralraum, der Venengeflechte und Fett enthält.

4.4 Vegetatives Nervensystem

Das vegetative (autonome) Nervensystem regelt Lebensvorgänge, die unabhängig vom Bewußtsein und außerhalb der Willkürmotorik ablaufen. Es ist ein phylogenetisch altes System und versorgt die inneren Organe, Gefäße und Drüsen. Außerdem bestehen Beziehungen zu den Bindegewebszellen. Komplexe Mechanismen wie die Verdauung, die Fortpflanzung und der Stoffwechsel werden vegetativ reguliert. Dabei gibt es innige Beziehungen zum endokrinen System. Das vegetative System steht in Wechselwirkung mit den ZNS.

Das vegetative Nervensystem besteht aus zwei Anteilen, dem Sympathikus und dem Parasympathikus. Beide Teile wirken vorwiegend antagonistisch, wobei oft ein enges Wechselspiel eine besondere Rolle spielt. Zur Impuls-Weiterleitung dienen an den Synapsen Botenstoffe. Beim Sympathikus lässt sich Adrenalin, beim Parasympathikus Azetylcholin nachweisen. Fasern, die vor einer Umschaltstelle liegen, wer-

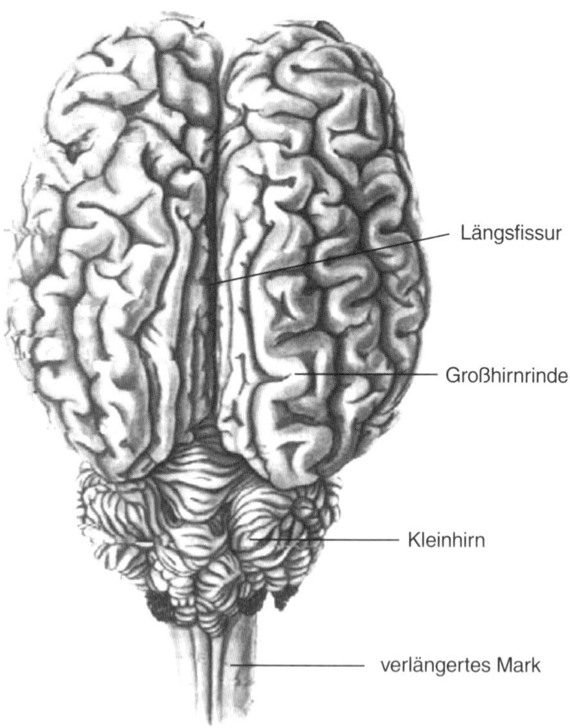

Abb. 80:
Dorsalansicht des Gehirns (nach Nickel, Schummer, Seiferle 1992)

den als präganglionäre Fasern, und Anteile, die hinter der Umschaltstelle vorkommen, als postganglionäre Fasern bezeichnet.

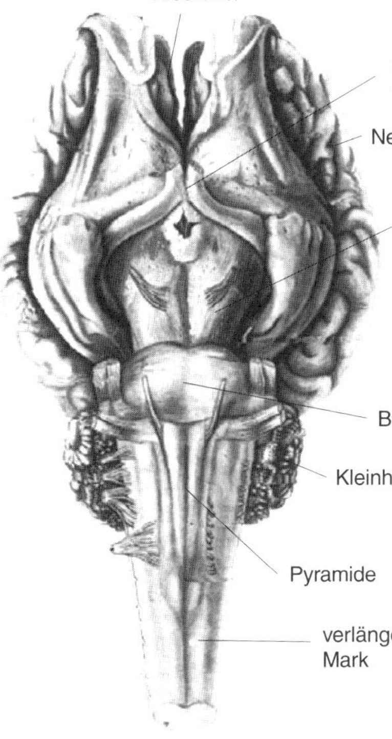

Abb. 81: *Ventralansicht eines Gehirns vom Pferd (nach Nickel, Schummer, Seiferle 1992)*

Die Unterscheidung zwischen Sympathikus und Parasympathikus ist eher eine funktionelle, weniger eine anatomische Kategorie.

Die Bauelemente des autonomen Nervensystems sind etwa die gleichen wie im Nervensystem überhaupt. Es dominieren multipolare Nervenzellen mit langen Dendriten. In den Erfolgsorganen bilden die Nerven netzartige Strukturen. Vegetative Fasern enthalten auch Afferenzen, die ihren Ursprung in den Eingeweiderezeptoren haben. Sie vermitteln Druck- und Dehnungsreize und können Schmerzen und andere Reaktionen auslösen. Efferente Fasern ziehen vom ZNS zu den Ganglien, werden umgeschaltet und ziehen als postganglionäre Fasern an die Organe.

4.4.1 Sympathikus

Die präganglionären Fasern haben ihren Ursprung im Rückenmark. Hier liegt quasi die "Wiege" des Symapthikus. Über die Ventralwurzelzellen verlassen sie das Rückenmark und ziehen zu den Ganglien des Grenzstranges. Dieser stellt einen paarigen Strang, der ventral der Wirbelsäule und subserös liegt, dar. Die Ganglien sind Knoten, die durch interganglionäre Fasern miteinander verbunden sind. Querfasern verbinden die beiden Stränge nach der Art eines Strickleitersystems. In den Ganglien findet eine Umschaltung eines Teiles der präganglionären Fasern statt. Als postganglionäre Fasern ziehen sie zu den Erfolgsorganen. Der andere Teil der präganglionären Fasern wird in den Erfolgsorganen umgeschaltet.

Vom Grenzstrang ziehen perivaskuläre Fasern entlang den Gefäßen zu den Organen. Darüber hinaus organisieren sich sympathische Fasern als organnahe Plexus. Diese Fasern enthalten oft auch parasmpathische und viszerosensible Anteile.

Hinsichtlich der Topographie wird der Sympathikus in einen Kopf-, Hals-, Brust-, Bauch- und Beckenteil gegliedert.

Der Kopfteil wird durch das kraniale Halsganglion repräsentiert. Dieses liegt ventral am Hinterhauptsbein. Beim Pferd liegt es an der hinteren Luftsackwand. Vom kranialen Halsganglion gehen zahlreiche postganglionäre Fasern zum Ohr, zur Augen- und Nasenhöhle, zur Parotis, zur Hypophyse und anderen Strukturen des Kopfes und des Halses. Der Halsteil - er wird als Truncus vagosympathicus bezeichnet - enthält, wie der Name es sagt, beide Anteile des vegetativen Systems. Am Brusteingang trennen sich die beiden Teile wieder. Auf der Höhe der ersten Rippe hochdorsal, am Rippenköpfchen, liegt das sternförmige Ganglion (Ggl. stellatum). In diesem Ganglion treten die Fasern des Halsteiles ein. Sie werden umgeschaltet. Postganglionäre Fasern gehen zu den Gefäßen, den Organen der Brusthöhle. Dort bilden sie organnahe Plexus.

Der Brustteil des Sympathikus geht kaudal aus dem Ggl. stellatum hervor und bildet den Grenzstrang. Von diesem gehen mannigfaltige Fasern ab, die eine Vielzahl von Plexus in der Brust- und Bauchhöhle bilden. Das bekannteste Geflecht ist das Sonnengeflecht (Plexus solaris) in der Bauchhöhle. In der Beckenhöhle liegt das Beckengeflecht, welches die Organe des Beckens versorgt.

4.4.2 Parasympathikus

Im Gegensatz zum Sympathikus besitzt der Parasympathikus einen Kopfteil im eigentlichen Sinne. Die Ursprünge liegen im Mittelhirn. Die Axone sind lang (N. vagus) und werden erst organnah umgeschaltet. Die zentralen Anteile des Parasympathikus bestehen aus Fasern der VII. Gehirnnerven (N. facialis), dem

III. Gehirnnerv (N. oculomotorius), die im Mittelhirn ihren Ursprung haben, sowie dem IX. Gehirnnerv (N. glossopharyngeus), die im verlängerten Mark entspringen. Der Kopfteil entlässt eine Vielzahl Fasern zur Versorgung des Kopfes. Dabei werden auch andere Nerven parasympathische Einflüsse beigemischt.

Der X. Gehirnnerv (N. vagus) stellt den bedeutendsten parasympathischen Nerv dar. Dieser verlässt die Schädelhöhle und verbindet sich mit dem Halssympathikus zum Truncus vagosympathikus. Dieser zieht im Hals zum Eingang der Brusthöhle. Auf diesem Weg gibt der vagale Teil des Truncus vagosympathikus einen kranialen Kehlkopfnerv und einen N. depressor für das Herz ab. Nach der Trennung des Sympathikus und der vagalen Anteile teilt sich ein Nerv, der noch einen kranialen Umschlag zum Kehlkopf zieht, der N. laryngeus recurrens. Dieser innerviert die Stimmbänder und die Kehlkopfmuskeln. Einseitige Lähmungen des Recurrens werden beim Pferd als Kehlkopfpfeifen bezeichnet.

In der Brust teilt sich der Vagus in einen Dorsal- und einen Ventralast, die beide miteinander in Verbindung stehen. Am Zwerchfell, vor dem Übertritt zur Bauchhöhle, vereinigen sich beide Stränge wieder. Auf dem Weg in die Brusthöhle werden Fasern für die Lunge, die Bronchien und die Speiseröhre abgegeben. Im Bauchraum gehen parasympathische Fasern an den Magen (Pansen), an die Bauchspeicheldrüse, die Leber und zum Dünndarm. In der Bauchhöhle bildet der Parasympathikus das Beckengeflecht. Dieses innerviert als Vasodilatatoren die Schwellkörper des Penis bzw. des Kitzlers.

Zentrale vegetative Zentren sind am Ablauf des nervösen Geschehens stets beteiligt. Wichtige Zentren liegen im Mittel- und Rautenhirn sowie im verlängerten Mark und im Rückenmark. Diese Areale sind Reflexzentren, die praktisch in alle Lebensbereiche eingreifen. Wesentliche Aktivitäten werden über die Erschlaffung (bzw. Kontraktion) der glatten Muskulatur realisiert. Kompliziertere Verhältnisse liegen bei gemischten Leitungsbahnen vor, die sowohl somatische als auch viszerale Afferenzen bzw. Efferenzen aufweisen können. Ein Beispiel sind die Sexualreflexe. Erwähnt sei der Hypothalmus, der die Rolle eines Dirigenten im hormonalen wie auch im nervalen Orchester spielt. Vom Hypothalmus ziehen vegetative Bahnen zum Mittelhirndach sowie zum Rückenmark. Auch die Großhirnrinde ist mittelbar an vegetativen Vorgängen beteiligt.

4.5 Gehirn (Encephalon)

Das Gehirn ist das Ergebnis einer evolutionären Entwicklung. Somit erhalten die vorderen Abschnitte mehr und mehr Befehlsgewalt über die Körperfunktionen. Das Gehirn wird wie folgt eingeteilt:

- das Rautenhirn (Rhombencephalon), es besteht aus dem Nachhirn (Myelencephalon) und dem Hinterhirn (Metencephalon);
- das Mittelhirn (Mesencephalon);
- das Zwischenhirn (Diencephalon) und
- das Endhirn (Telencephalon).

Andere Einteilungen berücksichtigt die Phylogenese nicht. Weitere Begriffe, die sich z. T. an klinische Bedürfnisse anlehnen, sind das Großhirn, das Kleinhirn und das Stammhirn. Zu letzterem zählen das Mittelhirn, das verlängerte Mark und die Brücke. Ein weiterer Begriff ist der Hirnmantel (Pallium), welcher das Riechhirn und das Neopallium verkörpert.

4.5.1 Lage und äußere Gestalt

Das Gehirn liegt, umhüllt von den Hirnhäuten, in der Schädelhöhle. Betrachten wir das Gehirn von dorsal, überblicken wir die beiden Hemisphären des Großhirns, auch als Hirnmantel (Pallium) bezeichnet. Die Hemispären sind durch einen tiefen Einschnitt voneinander getrennt. Kaudal liegt eine transversal verlaufende Fissur, die das Großhirn vom Kleinhirn trennt. Die Hirnoberfläche besitzt tierartlich unterschiedlich ein typisches Relief, bestehend aus Windungen und Furchen.

Basal liegt der Hirnstamm, der in gewisser Weise die kraniale Fortsetzung des Rückenmarks darstellt. Das Rückenmark geht in das verlängerte Mark (Medulla oblongata), welches das Nachhirn verkörpert, über. Basal liegt ein querverlaufender Wulst, die Brücke (Pons). Rostral der Brücke liegen die beiden Hirnschenkel, die bereits zum Mittelhirn gehören.

An der Basis des Gehirns treten die 12 Gehirnnerven aus, die in rostrokaudaler Richtung mit I bis XII bezeichnet werden.

I	N. olfactorii	VII	N. facialis
II	N. opticus	VIII	N. vestibulo cochlearis
III	N. oculomotorius	IX	N. glossopharyngens
IV	N. trochlearis	X	N. vagus
V	N. trigeminus	XI	N. accessorius
VI	N. abducens	XII	N. hypoglossus.

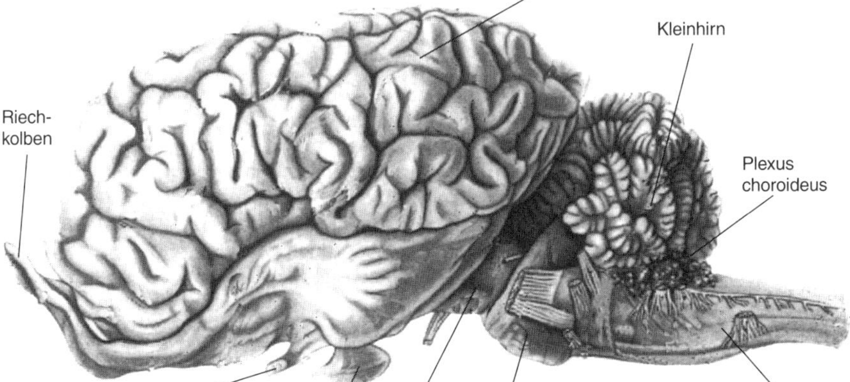

Abb. 81: *Seitenansicht eines Gehirns vom Pferd (nach Nickel, Schummer, Seiferle 1992)*

4.5.2 Rautenhirn (Rhombencephalon)

Das Rautenhirn stellt das phylogenetisch älteste Teil des Gehirns dar. Es besteht aus dem Nachhirn oder verlängerten Mark und dem Hinterhirn (Metencephalon). Dieses besteht aus der Hinterhirnhaube, dem Kleinhirn (Cerebrellum) und der Brücke (Pons). Ventral liegen paramedian zwei Wülste, die Pyramiden. Sie enthalten die Pyramidenbahn, die von der Großhirnrinde zum Rückenmark läuft. Daher auch der Name Tractus corticospinalis. Der Zentralkanal des Rückenmarks erfährt eine Erweiterung zum IV. Ventrikel. dessen Boden die Rautengrube bildet. Die Wand besteht aus der Tela choroidea, das Dach weist ein Adergeflecht (Plexus choroideus) auf.

Die graue Substanz im Bereich der Medulla oblongata geht über in eine netzförmige Neuronenstruktur, der Formatio reticularis. Sie präsentiert die Haubenregion. Hier liegt eine Vielzahl von Kernen und Kerngebieten, die lebenswichtige Zentren (Schluck-, Kreislauf-, Atemzentrum) beinhalten. Afferenzen empfängt die Formatio reticularis aus dem Rückenmark, den Sinnesbahnen, der Hirnrinde und dem limbischen System. Efferenzen gehen zu den Motoneuronen des Rückenmarks, zu den zentralen vegetativen Kernen und zur Großhirnrinde.

Die Formatio reticularis spielt eine Rolle bei der Bewußtseinslage. Reizungen der Formatio reticularis führen zu Weckreaktionen, umgekehrt wird bei einer Allgemeinnarkose die Fermatio reticularis ausgeschaltet. Fernerhin werden in der Formatio reticularis affektive Tönungen von sensorischen Reizen (Lust, Unlust) sowie Verarbeitung von Reizen (Schmerzen) realisiert. Ein Teil der Nervenzellen lässt sich anhand der Transmittersubstanzen in das System der monominergen Nervenzellen einteilen. Damit werden Kerngruppen identifiziert, die mit reinen histologischen Techniken nicht darstellbar sind. Bei diesen chemischen Ordnungsprinzipien lassen sich auch übergeordnete Funktionszusammenhänge erkennen. Wir unterscheiden noradrenerge, adrenerge, serotoninerge, cholinerge und peptiderge Neuronengruppen bzw. Kerne.

4.5.3 Hinterhirn (Metencephalon)

Kleinhirn (Cerebellum)

Das Kleinhirn ist ein rundes Gebilde, welches durch Einschnitte in Lappen und Läppchen eingeteilt wird. Seitlich befindet jeweils eine Sagittalfurche, wodurch es zur Ausbildung zweier Hemisphären kommt. Das Kleinhirn besteht aus einer Rinde und dem Mark. In der Rinde liegen die Molekularschicht, die Schicht der Purkinjezellen und die Körnerschicht. Die zellarme Molekularschicht besteht vorwiegend aus Dendriten der Purkinjezellen. Diese stellen große Nervenzellen dar mit stark verzweigten Dendriten. Die Körnerschicht besteht aus kleinen Nervenzellen, deren Axone sich T-förmig teilen. Im Mark ist die Kleinhirnrinde eingebettet.

Die Bahnen des Kleinhirns lassen sich in phylogenetisch alte, vestibuläre und junge Bahnen einteilen. Afferenzen erhält das Kleinhirn vom VIII. Gehirnnerv, vom Rückenmark. Diese Bahnen vermitteln die Tiefensensibilität. Darüber hinaus sind viszerozerebrale Bahnen beschrieben worden. Sie vermitteln einen modulierenden Einfluss auf viszerale Reflexbögen des Hirnstammes.

Die Efferenzen gehen mit wenigen Ausnahmen von den zentralen Kleinhirnkernen aus. Die Bahnen laufen zum Mittelhirn, steigen auf oder ab. Absteigende Fasern gehen ins Rautenhirn, dessen Fasern das Kleinhirn erreichen. So entsteht ein Feedback-Kreis.

Eine efferente Bahn zwischen Kleinhirn und Gleichgewichtsorgan steht im Dienste der Raumorientierung und der Gleichgewichtshaltung.

4.5.4 Mittelhirn (Mesencephalon)

Es gehört zum Hirnstamm; bei niederen Wirbeltieren (Amphibien) hat es noch die Rolle des Endhirnes, da alle Erregungen von Auge und Innenohr zum Mittelhirn laufen. Auch Flucht- und Abwehrbewegungen sind mesencephal gesteuert. Entsprechend dem Grundbauplan ist hier eine Grundplatte und eine Flügelplatte zu unterscheiden. Die Grundplatte wird durch die palaeencephale Haube verkörpert. Die Flügelplatte oder das Mittelhirndach wird bei den Säugern zur Vierhügelplatte (Lamina quadrigemina). Hier liegt das entwicklungsgeschichtlich alte Sehzentrum.

Die Mittelhirnhaube beinhaltet zahlreiche Kerne, die Ursprünge der Gehirnnerven III und IV, sowie der rote Haubenkern, der für die Motorik wichtig ist. Im Dach liegt ein Teil der Formatio reticularis. Wichtige Bahnen sind die Verbindung zwischen rotem Haubenkern und Rückenmark, mit Rückkopplung ins Kleinhirn.

Afferenzen kommen vom Rückenmark und dem Kleinhirn: Efferenzen gehen zum Rückenmark und zum Hypothalamus.

Weitere Verbindungen gibt es zwischen den Kernen des N. vestibularis mit den Gehirnnerven III und IV sowie der Augenmuskelkerne untereinander. Auch sensible und sensorische aufsteigende Bahnen kommen im Mittelhirn vor. Das Mittelhirn hat seine ehemals dominierende Rolle verloren. Bei den Säugern fungiert es als Mittler zwischen Rautenhirn und Vorderhirn. Zwischen Decke und Haube liegt ein liquorgefüllter Raum, der Aquaeductus mesencephali.

4.5.5 Zwischenhirn (Diencephalon)

Es stellt eine phylogenetisch alte Struktur dar, die unter der Großhirnhemisphäre liegt. Das Zwischenhirn wird eingeteilt in den Hypothalamus, der in der Nähe des Bodens des III. Ventrikels liegt, dem Subthalamus, als orale Fortsetzung der Mittelhirnhaube und des Thalamoencephalons, welches am III. Ventrikel liegt und den Metathalamus mit dem Epithalamus beinhaltet.

An der Basis des Zwischenhirns liegt die Sehnervenkreuzung. In deren Nähe liegt der Hypothalamus. Im zentralen Höhlengrau liegt eine Reihe von Kernen, die ein vegetatives Regulationszentrum darstellen. Verschiedene Zellgruppen besitzen eine neurosekretorische Aktivität. Sie können über den axonalen Weg Neurohormone an die Hypophyse abgeben. Der Hypothalamus ist in verschiedene Kommunikationssysteme integriert. Direkt wird über Hormone die Hypophyse angesprochen, indirekt die zirkumventrikulären Organe. Sehr vielfältig sind die neuronalen Wege zu vegetativen Zentren, der Formatio reticularis, zum Kleinhirn sowie intrathalamische Verbindungen.

4.5.6 Hypophyse

Die Hypophyse liegt in einer Dura-Aussackung in einer Grube des Keilbeines. Sie besteht aus zwei Anteilen, der Adeno- und der Neurohypophyse. Die Hypophyse ist auf das engste mit dem Hypothalamus verbunden. Das Hypothalamus–Neurohypophysen-System umfasst ein Nervensystem, dessen Axone zur Neurohypophyse ziehen. Die Endstrecke der Axone liegt unmittelbar an Gefäßen und kontaktieren diese. Die Axone enthalten ein Neurosekret, welches aus den Hormonen Oxytocin und Vasopressin besteht.

Eine Vielzahl hypothalamischer Kerne bilden Botenstoffe, Statine und Liberine, die über die hypothalamo-adenohypophyseäre Achse zur Hypophyse gebracht werden. In der Hypophyse existieren Zellen, die spezialisiert sind auf die Produktion bestimmter Hormone. Durch die Statine bzw. Liberine wird die Hormonproduktion modifiziert.

Epithalamus (Epiphyse)

Diese ist stark durchblutet. Die Zellen (Pinealozyten) stellen modifizierte Photorezeptorzellen dar, die in der Lage sind, Melatonin zu produzieren. Die Epiphyse soll einen Einfluss auf die "innere Uhr" haben.

4.5.7 Endhirn (Telencephalon)

Das Endhirn setzt sich aus den beiden Hemisphären und einem unpaaren Mittelstück zusammen. Werden die Basalganglien hinzugerechnet, ist der Begriff des Endhirns mit dem Großhirn identisch. Eindeutig ist der Begriff der Großhirnrinde. Darunter werden die drei Rindenfelder des Hirnmantels (Pallium) verstanden.

4.5.7.1 Hirnmantel

Das Pallium leitet sich aus dem Material der lateralen, dorsalen und medialen Wand des Neuralrohres ab. Aus der Ventralwand des Neuralrohres werden die Basalganglien, die eine überwiegend motorische Funktion haben.

Der Hirnmantel ist eine phylogenetisch junge Formation, die bei den Säugern in den Vordergrund tritt. Ältere Anteile des Palliums wurde unter dem Begriffes Palaeopallium und Archipallium zum Riechhirn zusammengefasst. Dem steht das Neopallium gegenüber. Eine diagnostisch wichtige Formation stellt der Hippocampus oder das Ammonshorn dar. Dieses wird nach Eröffnung der seitlichen Ventrikel sichtbar. Es liegt paramedian am Hirnbalken, welcher die beiden Hemisphären verbindet. Das Ammonshorn ist für die Tollwutdiagnostik interessant.

4.5.7.2 Limbisches System

Die um den Hirnstamm gelagerten Rindenteile wurden von Broca zum "grand lobe limbique" zusammengefasst. Darunter ist der limbische Kortex längs des medialen Hirnmantelrandes, limbische Kerne im Vorderhirnrand im Hirnstamm sowie die Verbindung zwischen diesen Gebieten zu verstehen. Dem limbischen System werden integrative Funktionen im Bereich der viszeralen, emotionalen Sphäre zugeschrieben. Hier werden emotionale und vegetative Vorgänge verknüpft. Reizungen des limbischen Systems führen zu Wut, Aggression, Angst mit adäquaten vegetativen Reaktionen.

4.5.7.3 Großhirnrinde (Cortex cerebrii); Neuhirnmantel (Neopallium)

Dies ist die phylogenetisch jüngste Formation des Gehirns. Es nimmt den dorsolateralen und teilweise medialen Gebiete der Hemisphäre ein und zeichnet sich durch einen tierartlich unterschiedlich ausgeprägten Windungsreichtum aus. Bei den Säugern erfährt das Neopallium eine erhebliche Zunahme, die sich in der Zahl der Windungen manifestiert. Die Hirnrinde wird grob in Lappen eingehüllt. Das zelluläre Baumaterial setzt sich aus Pyramidenzellen, Nicht-Pyramidenzellen (kortikale Interneurone) und Gliazellen zusammen.

Der Apikaldendrit geht zu oberflächlichen Schichten, während die Basaldendriten in die Tiefe ziehen. Die Nicht-Pyramidenzellen sind vielgestaltig. Dazu gehören GABA-erge Korbzellen, deren Axone synaptische Kontakte untereinander bzw. mit Pyramidenzellen bilden, und GABA-erge Kandelaberzellen, die die Pyramidenzellen kennen, Doppelbuschzellen mit radiär orientierten Axonen bipolare Zellen und Cajal-Zellen mit tangentialen Dendriten.

Innerer Aufbau

Ähnlich wie in den anderen Provinzen des ZNS finden wir hier die zellreiche graue Substanz. Sie ist im Cortex und in den Basalganglien präsent. In der Tiefe liegt die weiße Substanz, die vorwiegend aus Dendriten und Axonen besteht. Aufgrund der Zytoarchitektonik werden verschiedene Schichten unterschieden.

Der Neocortex wird in 6 Schichten unterteilt. Diese sind:

- Lamina I (Molekülschicht): Zellarm; mit Cajalzellen, Gliazellen
- Lamina II (äußere Körnerschicht): Viele Pyramidenzellen, Nicht-Pyramidenzellen

- Lamina III (äußere Pyramidenschicht): Viele Pyramidenzellen
- Lamina IV (innere Körnerschicht): Sternzellen, Pyramidenzellen, viele Fasern
- Lamina V (innere Pyramidenschicht große Pyramidenzellen, deren Axone in motorischen Bahnen die Rinde verlassen
- Lamina VI (Schicht der polymorphen Zellen): modifizierte Pyramidenzellen

Neben einer horizontalen Gliederung gibt es eine vertikale Gliederung in Säulen. Säulen sind neuronale Netzgewebe, die eine funktionelle Einheit bilden.

In der weißen Substanz liegen eine Vielzahl von Bahnen. Innerhalb des Palaeo- cortex liegen Bahnen, die der Geruchsvermittlung dienen. Im Cortex verlaufen Projektionsbahnen, Assoziationsbahnen und Kommissurenbahnen. Erstere verbindet Afferenzen oder Efferenzen der Hirnrinde mit tiefer gelegenen Hirnabschnitten. Die Assoziationsbahnen verbinden Rindenfelder einer Hemisphäre untereinander und die Kommissurenfasern die beiden Hemisphären miteinander.

4.6 Binnenräume des ZNS

Die Binnenräume des Zentralnervensystems entwickeln sich aus dem Neuralrohr. Der Zentralkanal des Rückenmarks bleibt schmal und schlauchförmig. Durch die mannigfaltigen Wachstumsprozesse erfahren die Binnenräume im Bereich des Gehirns eine komplizierte Ausformung. Im Gehirn liegen vier Gehirnkammern (Ventriculi), nämlich die beiden Seitenventrikel in den Großhirnhemisphären, dem III. Ventrikel im Diencephalon und dem IV. Ventrikel im Rautenhirn.

Die Ventrikel stehen untereinander in Verbindung. Sie sind mit Ependym ausgekleidet. An der Oberfläche liegen oft Zilien. Subependymal finden sich Nervenzellen, die einen Neuriten in den Liquorraum entsenden. Diese Liquor-Kontaktneurone fungieren als Chemorezeptoren.

An einigen Stellen in dem Ventrikelsystem treten Tanyzyten mit einer Zilie auf. Untereinander sind sie über tight-junctions verbunden und sorgen so für den Abschluss des Interzellularraumes gegenüber dem Liquorraum. Die Tanyzyten senden einen langen Fortsatz aus, der an Blutgefäßen endet. An einigen Stellen liegt eine gefäßreiche Tela chorioidea. Sie bildet teilweise bäumchenartig verzweigte Zotten, den Plexus chorioideus. Die Plexusepithelien stehen im Dienste von Transportfunktionen. So kommt eine Blut–Hirn-Schranke zustande. Der Plexus chorioideus dient der Bereitstellung von Liquor.

4.7 Gehirnnerven

Wir unterscheiden 12 Gehirnnerven. Es sind gemischte Nerven, wobei jeder Nerv ein individuelles Verhalten zeigt.

- Der Riechnerv (I) besteht aus Fasern, die die Riechschleimhaut mit dem Endhirn verbinden.
- Der Sehnerv ist wie die Retina des Auges, eine Ausstülpung des Gehirns. Er zieht vom Auge zum Gehirn, vor der Basis kreuzt er sich.
- Die Gehirnnerven III bis XII sind gemischt, wobei die Nerven IV, VI, XI und XII efferent motorisch sind, VIII ein reiner Sinnesnerv ist und bei V, VII, IX und X sensible und motorische Fasern beteiligt sind.

Verschiedentlich sind parasympathische Fasern enthalten. Bis auf den N. vagus dienen die Gehirnnerven zur Versorgung des Kopfes und der Speicheldrüsen.

5 Die Sinnesorgane

Die Sinnesorgane dienen der Aufnahme von Reizen aus der Umwelt. Dadurch werden Wahrnehmungen erzeugt. Die klassischen Sinne sind der Gesichts-, Geruchs-, Geschmacks- und Tastsinn. Diese klassische Betrachtungsweise ist zu ergänzen. So wäre der Gleichgewichtssinn, der Schmerzsinn und die Temperaturempfindung zu nennen. Sinnesorgane verfügen über Rezeptoren, die die Reize aus der Umwelt aufnehmen. Über Neuronenzellen werden die Impulse zum ZNS weitergeleitet. Hier wird ein Teil der Reize bewußt gemacht, andere bleiben unbewußt (Pupillenreflex).

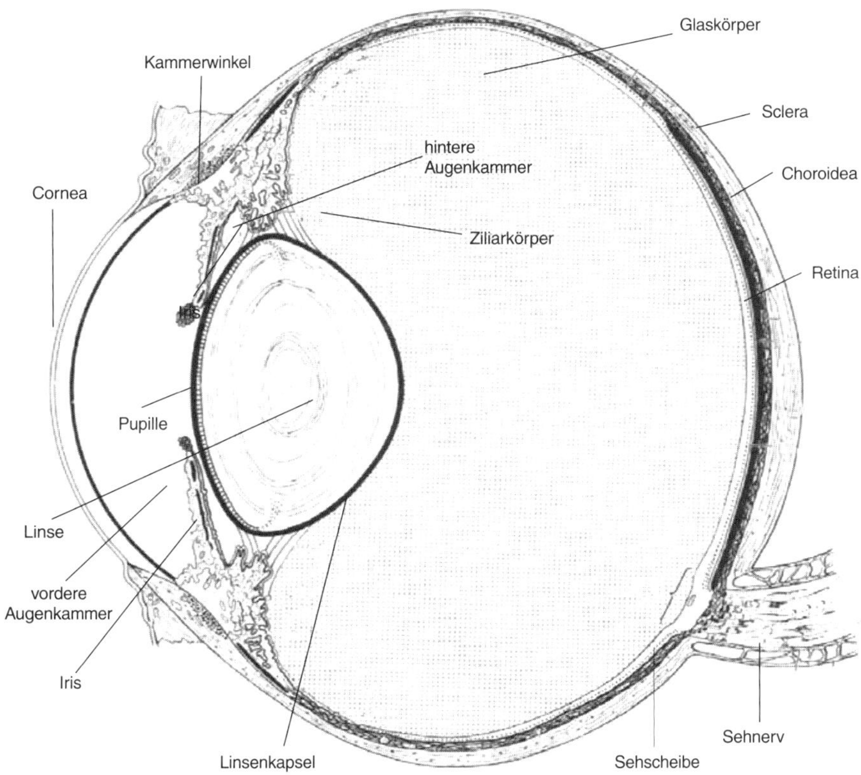

Abb. 83: *Das Auge des Pferdes (nach Nickel, Schummer, Seiferle 1992)*

5.1 Auge (Oculus; Ophthalmos [griech.])

Das Sehorgan besteht aus dem Augapfel, der den eigentlichen optischen Apparat darstellt, und den Schutz- und Hilfseinrichtungen (Augenlider, Muskeln, Tränenapparat).

5.1.1 Augapfel (Bulbus oculi)

Der Augapfel stellt eine annähernd runde bzw. ovale Einrichtung dar, die von drei Schichten umgeben ist, im Inneren den gallertigen Glaskörper enthält und die Linse aufnimmt. Die Schichten werden wie folgt unterteilt:

- die äußere Augenhaut; sie wird in die Lederhaut (Sclera) und die Hornhaut (Cornea) unterteilt;
- die mittlere Augenhaut (Uvea), die sich aus der Aderhaut (Choroidea), dem Ziliarkörper (Corpus ciliare) und der Regenbogenhaut (Iris) zusammensetzt;
- die Netzhaut (Retina).

5.1.1.1 Äußere Augenhaut

Sie stellt die bindegewebige Umhüllung des Augapfels dar. Die Lederhaut (Sclera) besteht aus kollagenen und elastischen Fasern. Die Anordnung der Fasern und der Fibroblasten korrelieren mit der Form des Augapfels. Auch die Augenmuskeln haben eine Beziehung zum Bindegewebe der Sclera. Auf diese Weise werden Anpassungsvorgänge realisiert.

Die Hornhaut (Cornea) ist die vorderste Schicht des Augapfels. Die Hornhaut ist aus mehreren Schichten zusammengesetzt, wobei die Eigenschicht aus Fasern, die Lamellen bilden sowie aus Grundsubstanz und Zellen bestehen. Zwischen den Zellen dehnt sich ein Kanalsystem aus, dessen Flüssigkeit einhergeht mit dem Quellungszustand der Cornea. Der Quellungszustand und die Durchsichtigkeit werden durch einen hohen Gehalt an Chondroitinsulfat in der Grundsubstanz erreicht. Am Übergang der Sclera in die Cornea ist der Kammerwinkel, gebildet durch die Iris und die Cornea; dort liegt der Abfluss des Kammerwassers. Der Abfluss stellt ein Netz von Bälkchen, bestehend aus Fasern, dar. Diese Bälkchen sind endothelbedeckt. Zwischen den Trabekeln liegt ein Kanal.

5.1.1.2 Mittlere Augenhaut (Uvea)

Die Aderhaut ist reich an Blutgefäßen und Pigmentzellen. Diese sind eingebettet in Fasernetze.

Die Iris stellt den vordersten Teil der Uvea dar. Sie ist beweglich und schafft die Verbindung zwischen Vorder- und Hinterkammer. Die Iris umgibt das Sehloch (Pupille) und kann sich durch Eigenmuskulatur des Sehloches verkleinern (Miosis) bzw. vergrößern (Mydriasis).

Die Pupillenmuskeln (Eigenmuskulatur der Iris) werden autonom innerviert. Beim Pupillenreflex (plötzlicher Lichteinfall) verengt sich die Pupille.

Der Ziliarkörper schließt sich nach vorn der Aderhaut an. Er besteht aus einer Grundplatte, von der Ziliarfortsätze ausgehen. In der Grundplatte liegt der glatte Ziliarmuskel. Seine Kontraktionen werden über die Ziliarfortsätze auf die Linse übertragen und bewirken so eine Akkomodation (Änderung der Krümmung der Linse) des Auges. Innerviert wird der Muskel autonom.

Am Übergang der Iris in den Ziliarkörper liegt ein Maschenwerk. Hier erfolgt die Regulierung des Kammerwassers.

5.1.1.3 Innere Augenhaut, Netzhaut (Retina)

Die Retina leitet sich aus dem Material des Zwischenhirns ab. Sie wird entwicklungsgeschichtlich betrachtet als eine Provinz des ZNS angesehen.

Die Retina besteht aus einem Sehteil und einem sog. blinden Teil. Der Sehteil ist die eigentliche reizaufnehmende Region. In dieser liegen die Stäbchen- und Zapfenzellen, die vegetativen Zellen. Die Stäbchen und Zapfen bestehen aus einem dünnen Außen- und einem dickeren Innenglied. Das Außenglied der Stäbchen führt das Sehpurpur, welches die Lichtempfindlichkeit steigert. Die Stäbchen sind Träger des Dämmerungssehens, die Zapfen repräsentieren das Farbsehen. Hinter den Photorezeptoren liegen 2 Neurone, die die Erregung der Photorezeptoren aufnehmen. Die Austrittsstelle des Sehnervs, die Sehscheibe, nimmt die Erregung auf und leitet diese weiter.

5.1.2 Linse (Lens)

Sie stellt eine farblose, bikonkave Bildung dar und besteht aus einer Ansammlung von Linsenfasern und ca. 60 bis 70 % Wasser. Die Linse wird umgeben von der Linsenkapsel. Bei der Akkomodation des Auges erfolgt eine Änderung der Verteilung der Linsenfasern. Dadurch ändert sich die Form der Linse und damit auch die Brechung des Lichtes.

5.1.3 Glaskörper

Dieser füllt den Raum zwischen Linse und der Retina aus, d. h. einen Großteil des Augapfels. Der Glaskörper besteht aus einer gallertigen Substanz, die sich aus Wasser und Hyalarinsäure und einem feinen Gespinst von Fasern zusammensetzt. Der Quellungszustand des Glaskörpers beeinflusst den intraokulären Druck. Druckerhöhungen werden unter dem Begriff Glaukom zusammengefasst und können zum Ablösen der Netzhaut führen.

5.1.4 Augenkammern

Zu den Binnenräumen des Auges zählen die mit Kammerwasser gefüllten Augenkammern. Die vordere Abteilung dehnt sich zwischen Hornhaut und Irisvorderfläche aus, die hintere Abteilung liegt zwischen der Irishinterfläche und der Linse.

5.1.5 Augenhöhle und Hilfseinrichtungen

Das Auge liegt in der Augenhöhle, welche von verschiedenen Schädelknochen gebildet wird. Die Augenhöhle ist paarig angelegt, sie liegt paramedian, oberhalb der Nasenhöhle, auf der Höhe der Schädelhöhle.

Die Augenhöhle ist ausgekleidet von einer bindegewebigen Periorbita. Nach vorn ist der Abschluss durch die Augenlider (Ober- und Unterlid) gegeben. Beide Lider begrenzen den Lidspalt. Die muskulöse Grundlage der Lider ermöglicht eine erhebliche Variierung der Lidspaltengröße. Neben der quergestreiften (willkürlichen) Muskulatur kommt auch glatte Muskulatur vor, die vom Sympathikus innerviert wird. Bei Abfall des Sympathikotonus (Müdigkeit) fällt es schwer, die Augen offen zu halten.

Die Augenlider sind außen von Haut und innen von der Bindehaut (Konjunktiva) überzogen. die Bindehaut geht in die Cornea über. Im nasalen Augenwinkel liegt bei den Haustieren eine Falte, die als drittes Augenlid (Nickhaut) bezeichnet wird. Dorsolateral am Augapfel liegt die Tränendrüse. Ihre Ausführungsgänge münden im Bereich des oberen Lides. Über den Tränennasenkanal kann die Tränenflüssigkeit in die Nasenhöhle abgegeben werden. Die Augenmuskeln dienen der Bewegung des Augapfels.

5.2 Sehbahn

Die Rezeptoren für optische Reize liegen in der Netzhaut. Über Neuronenpopulation wird der Reiz weitergeleitet. Die Neuriten des 3. Neurons stellen den Sehnerv dar. Die Fasern ziehen zur Hirnbasis, werden dort gekreuzt und ziehen zum Zwischenhirn. Im Mittelhirndach liegen Kerne, die als Schalt- und Koordinatenstelle für optische Reize dienen.

Die periphere Sehbahn findet ihr Ende im primären Sehzentrum, im Thalamus. Optische Erregungen werden über die zentrale Sehbahn zur Sehrinde des Hirnmantels geleitet. Hier entsteht das bewußte Bild.

5.3 Optische Reflexbahn

Die optische Reflexbahn geht von der Sehbahn ab. Parasympathische Kerne des III. Gehirnnervs teilen sich der Reflexbahn mit. Die Pupillenverengung läuft über eine parasympathische Reflexbahn, die Pupillenerweiterung wird über eine sympathische Reflexbahn bewerkstelligt. Darüber hinaus existieren Verbindungen zu den motorischen Vorderhornzellen des Rückenmarks. Im Bereich der Sehnervenkreuzung strahlt eine Fasergruppe zum Hypothalamus ein. Umgekehrt ziehen Fasern vom Hypothalamus über die Sehbahn zur Retina.

5.4 Ohr (Auris)

Schon frühzeitig entwickelt sich die Doppelfunktion des Ohres, wobei die Gleichgewichtswahrnehmung die ursprünglichere Funktion darstellt. Die Hörfunktion entwickelt sich erst bei den Wirbeltieren zur vollen Blüte.

Am Ohr unterscheiden wir das äußere Ohr mit der Ohrmuschel und dem äußeren Gehörgang, das Mittelohr und das Innenohr mit den Sinneszellen für die Hörfunktion und die Gleichgewichtswahrnehmung.

5.4.1 Äußeres Ohr (auris externa)

Am markantesten ist die Ohrmuschel, die bei den Huftieren und den Raubtieren tütenförmig aufgebaut sind. Die Ohrmuschel ist knorplig untersetzt und durch Muscheln beweglich gestaltet. die Beweglichkeit dient besonders beim Pferd und beim Fleischfresser dem Mienenspiel.

Der äußere Gehörgang (Meatus acusticus externus) verläuft in Richtung Schädel. Anfangs ist er knorplig, später knöchern gestützt. Der Gang endet mit dem Trommelfell, einer häutigen Membran. Diese besteht aus einer bindegewebigen Eigenschicht, in der Fasern eingelagert sind, und paukenhöhlenseitig aus einer Schleimhaut. Am Trommelfell ist ein Teil des Hammers (Stiel), der zu den Gehörknöchelchen zählt, befestigt.

5.4.2 Mittelohr (Auris media)

Dieser Teil liegt in der Felsenbeinpyramide. Ein Binnenraum, die Paukenhöhle, stellt einen wesentlichen Teil des Mittelohres dar. Hier liegen die Gehörknöchelchen, die Hörtrompete (Eustachische Röhre), ein mit Schleimhaut ausgekleidetes Rohr. Es stellt eine Verbindung zwischen Mittelohr und Rachenhöhle dar. Beim Pferd erweitert sich dieses Rohr zum Luftsack.

5.4.3 Innenohr (Auris interna)

Das Innenohr wird im wesentlichen durch das Labyrinth repräsentiert.

Das knöcherne Labyrinth besteht aus einem Hohlraum, von dem die knöchernen, halbkreisförmigen Bogengänge, die senkrecht zueinander stehen abgehen. Dieses Labyrinth läuft aus in einem spiralig angelegten Knochenband, der Schnecke. In ihrem Verlauf windet sie sich um die zentral gelegene Spindel. In unmittelbarer Nähe der Spindel liegt das Cortische Organ, welches Schallwellen in Nervenimpulse verwandelt. Der Innenraum des knöchernen Labyrinths wird von dem häutigen Labyrinth ausgekleidet. Zwischen häutigem und knöchernen Labyrinth liegt ein Spalt, der Perilymphe enthält. Das häutige Labyrinth ist von Endolymphe ausgefüllt und stellt einen komplizierten Apparat dar, welcher den Vestibularapparat enthält und im häutigen Schneckengang ausläuft. Dieser endet blind. Das Cortische Organ besteht aus Sinuszellen und mit Tonofibrillen durchsetzten Stützzellen. Hier liegt auch das erste Neuron der Hörbahn.

Der Vestibularapparat besitzt in den Bogengängen Sinnesepithel. Die Sinneszellen haben Stereozilien. Diese ragen in eine gelantinöse Glykoproteinschicht, in der kohlensaure, prismatische Kristalle eingelagert sind, die Kuppel. Diese ragt in den

Raum, der mit Endolymphe gefüllt ist. Eigenbewegungen der Endolymphe bringen die Glykoproteinschicht aus der Ruhe - der Reiz wird registriert.

Der Vestibularapparat dient der Gleichgewichtsregulation. Über diesen Mechanismus wird der Tonus der Muskeln, die Kopf- und Körperhaltung, gesteuert. Innerviert wird der Vestibularapparat vom VIII. Gehirnnerv (N. vestibularis).

5.5 Hörbahn

Vom Cortischen Organ laufen Erregungen über den VIII. Gehirnnerv zum Rautenhirn. Nach einer Umschaltung geht der Impuls über Mittelhirnkerne zum akustischen Rindenfeld der Großhirnrinde.

5.6 Vestibuläre Bahn

Vom häutigen Labyrinth werden Signale zum vestibulären Ganglion transportiert. Über dem VIII. Gehirnnerv wird der Reiz zum Rautenhirn weitergeleitet. Ein Teil der Fasern zieht zur Kleinhirnrinde, ein anderer Teil zu den Vorderhornzellen des Rückenmarks. die zahlreichen Verbindungen zu den Vorderhornzellen bedingen eine reflektorische Regulation der Körperhaltung durch Körperstellreflexe.

Bei jeder Kopfbewegung erfolgt über die Augenmuskeln eine Neujustierung der Augenstellung, so daß der auf der Netzhaut abgebildete Gegenstand "festgehalten" wird (optische Orientierung im Raum).

5.7 Motorische Systeme

Bewegungen laufen ab als willkürliche oder unwillkürliche Muskelkontraktionen. Impulsgeber der Bewegung sind Nervenzellen, die ihren Ursprung kortikal, subkortikal, im Mittelhirn oder im Rautenhirn haben. Die gemeinsame Endstrecke sind die Motoneuronen der Ventralkernzellen im Rückenmark. Die Trennung der Bewegung in willkürliche und unwillkürliche Formen ist mehr physiologischer Natur, weniger rein morphologischen Gesichtspunkten geschuldet. Die willkürlichen Bewegungen laufen über die Pyramidenbahn, die unwillkürlichen Bewegungen über extrapyramidale Systeme. Beim Tier spielt die Pyramidenbahn im Gegensatz zum Menschen eine untergeordnete Rolle.

Das Pyramidensystem hat seinen Ausgangspunkt in den Pyramidenzellen der motorischen Endhirnrinde. Die eigentliche Pyramidenbahn läuft am basalen Teil der Brücke und der Medulla oblongata zum Rückenmark. Die Pyramidenbahn kreuzt sich in ihrem Verlauf. Im Rückenmark verbindet sie sich über Neurone mit den Ventralkernzellen.

Zwischen Gehirnhemisphären und Zwischenhirn sind als Schaltzellen die Basalganglien eingelagert. Sie sind für die Motorik sehr wichtig. Daher wird das extrapyramidale System auch als motorisches System der Basalganglien bezeichnet. Die Basalganglien erhalten Eingangssignale von einer Vielzahl von Gehirnbezirken (Formatio reticularis, Thalamus, Kleinhirn). Darüber hinaus gibt es Leitungsbogen von der Großhirnrinde sowie vom limbischen System. Von den Basalganglien laufen Bahnen zur Formatio reticularis und zum Rückenmark.

Tatsächlich lassen sich Bewegungsabläufe nur unvollständig in pyramidale und extrapyramidale Formen einteilen. Vielmehr ist es so, daß beide Systeme eng vermascht koergieren.

6 Endokrines System

Zum endokrinen System gehören Organe und Zellgruppen, die im Dienste der Hormonproduktion stehen.

6.1 Disseminierte endokrine Zellen

Diese Zellhaufen kommen in einer Reihe von Organen vor. Dabei herrscht eine Vielzahl von Zelltypen vor, die verschiedene Hormone, Peptide oder Amine produzieren. Man nimmt an, daß diese Zellen von der Neuralleiste abstammen, ausgewandert sind und sich in der primären Darmanlage angesiedelt haben.

Die disseminierten Endokrinozyten werden den kompakten Organen (wie Nebenniere etc.) gegenübergestellt. Diese epithel-immenenten Zellen sind im Magen-Darm-Kanal, dem Atemtrakt, dem Urogenitalsystem, den Speicheldrüsen beschrieben worden.

Sie sind Peptidproduzenten, die Monoamine (Katecholamine, Histamin, Serotonin) enthalten bzw. diese aus Verläufersubstanzen herstellen können.

Zur Charakterisierung existiert das Konzept der APUD-Zellen (Amine precursor uptake and decarboxylation). Hierzu werden ca. vierzig verschiedene endokrine Zellen gezählt.

Das Konzept der Paraneurone berücksichtigt bestimmte Funktionsweisen, d. h., die Zellen sezernieren und dienen auch als Rezeptoren.

Im Magen-Darm-Kanal liegt eine Vielzahl von Zellen, die Katecholamine, Gastrin, Sekretin und Glucagon produzieren. Damit beeinflussen sie die Fähigkeit der Organe des Magen-Darm-Kanals. Die Zellen sind auf das engste mit dem VNS verbunden; es besteht enge Verwandtschaft dergestalt, daß Neuropeptide im Magen-Darm-Kanal wie auch im VNS produziert werden.

Im Atemtrakt liegen in der Luftröhre und in den Bronchien Zellen, die Serotonin, Calcitonin und Peptide produzieren. Möglicherweise dienen diese Zellen als CO_2-Rezeptoren.

6.2 Hypophyse

Die Hypophyse besteht aus entwicklungsgeschichtlich verschiedenen Anteilen. Die Neurohypophyse leitet sich vom Vorderteil des Hypothalamus ab, die Adenohypophyse entwickelt sich aus verschiedenen embryonalen Anteilen. Die Neurohypophyse besitzt einen Trichter, der in Richtung Hypothalamus zeigt, sowie einen Hypophysenhinterlappen. Dieser besteht aus modifiziertem Nervengewebe.

Die Adenohypophyse liegt rostroventral der Neurohypophyse. Sie besteht aus dem Vorderlappen und dem und dem Zwischenlappen. Letzterer stellt die Fortsetzung der Adenohypophyse in Richtung Trichter dar. Die Adenohypophyse besteht aus gefäßreichem Bindegewebe, in dem verschiedene Zellpopulationen liegen. Das Gefäßsystem wird durch sinusoide Blutkapillaren gebildet.

Der Zwischenlappen unterscheidet sich etwas in der Zusammensetzung der Endokrinozyten. Hier liegen viele MSH-Zellen.

Rings um die Hypophyse befindet sich ein Venengeflecht, welches Beziehungen zum ventralen Blutleitersystem hat.

6.2.1 Hypothalamus-Hypophysen-System

Zahlreiche Faserverbindungen zwischen Hypothalamus und Hypophysenhinterlappen stellen das morphologische Korrellat der Hypothalamus-Hypophysenhinterlappen-Achse dar. Bestimmte Kerngruppen des Hypothalamus sind in der Lage, Hormone zu produzieren. Über Fasern gelangen diese zum Hypophysenhinterlappen und damit zu den hypophysealen Blutgefäßen. Feinkalibrige Axone ziehen vom Hypothalamus zu einem adenohypophysealen Geflecht, wo sie in der Nähe von Spezialgefäßen enden. Über die Hypothalamus-Adenohypophysen-Achse werden hypothalamische Hormone, sogenannte Liberine und Statine, zu den endokrinen Zellen gebracht. In der Adenohypophyse vermögen diese Mediatoren die Hormonproduktion zu drosseln bzw. zu forcieren.

Die Adenohypophyse produziert Sometotropen-Hormon (STH), Melanozytenstimulierendes Hormon (MSH), Lutenisingshormon (LH), luteotropes Hormon (LTH), Adenocorticotropes Hormon (ACTH), Thyreotropes Hormon (TSH).

6.3 Schilddrüse

Sie liegt kaudal des Kehlkopfes und der Luftröhre, mit der sie über lockeres Bindegewebe verbunden ist. Die Drüse besitzt kugelige Follikel, welche mit Epithel ausgekleidet sind. Das interstitielle Bindegewebe ist gefäßreich. Neben den Follikeln existieren C-Zellen, die im Dienste der Kalzitonin-Produktion stehen.

6.4 Nebenschilddrüse

Unmittelbar an der Schilddrüse (Name) liegt diese Drüse. Sie ist von einer bindegewebigen Kapsel umgeben. Im Inneren liegen Epithelzellstränge, die von Blutkapillaren eingebettet sind. Zwischen den Epithelzellen liegt feines Bindegewebe.

6.5 Nebenniere

Sie liegt retroperitoneal und kranial der Nieren, paramedian in der Nähe der Bauchaorta. Die Nebenniere besteht aus dem Mark und der Rinde. Das Organ ist umgeben von einer nerven- und gefäßreichen Kapsel. Die Blutgefäße ziehen in die Tiefe des Organs. Die Nebennierenrinde besteht aus verschiedenen Zonen, die sich von der Anordnung der Endokrinozyten ableitet. Subkapsulär liegen arkadenförmige oder glomeruläre Zellformationen, in der Tiefe liegen strangartige Zellverbände, die in eine perimedulläre Schicht übergehen. In der Nebennierenrinde liegen Angiotensin-Rezeptoren.

Das Mark besteht aus chromaffinen Zellen, die Stränge bilden, welche sich an Kapillaren anlegen. Interzellulär liegen sympathische Geflechte. In der Rinde werden Corticoide und Aldosteron, im Mark Adrenalin und Noradrenalin produziert.

6.6 Inselorgan

Im Pankreas liegen endokrine Zellen, deren Gesamtheit als Inselorgan zusammengefasst wird. Sie liegen in der Regel intralobulär. Das Bindegewebe liegt periinsulär. Die Inselzellen sind balkenförmig verzweigte Zellformationen. Die Inselbalken werden von sinusoiden Kapillaren umspült. Deren Endothel ist fenestriert. Die Kapillaren treten über das Bindegewebe an die Inselkomplexe heran. Die an der Insel anstrebenden Kapillaren speisen sich in das Kapillarsystem ein.

Es kommen verschiedene Zelltypen vor, die unterschiedliche Botenstoffe bilden:

- A-Zellen Glukagon
- B-Zellen Insulin
- D-Zellen Somatostatin
- PP-Zellen pankreatisches Polypeptid
- D_1-Zellen vasoaktives intestinales Peptid.

Die β-Zellen sind am zahlreichsten; sie sind gleichmäßig verteilt. die A-Zellen liegen eher peripher der Inseln, am Rande der Inselbalken, nahe den Kapillaren.

Nachweis der entnommenen Abbildungen

Abb. 1, 2, 12, 13, 17-29, 32-34:	Koch, T.; Berg, R.: Lehrbuch der Veterinäranatomie Band I. Gustav Fischer Verlag Jena 1992
Abb. 38-40, 43-47, 49, 52, 54, 64, 65, 68-70, 77:	Koch, T.; Berg, R.: Lehrbuch der Veterinäranatomie Band II, 4. Auflage. Gustav Fischer Verlag Jena 1990
Abb. 59, 60, 72-74, 75, 75a, 76:	Koch, T.; Berg, R.: Lehrbuch der Veterinäranatomie Band III, 5. Auflage. Gustav Fischer Verlag Jena-Stuttgart 1993
Abb. 3, 50, 51, 58:	Schiebler, T.H.; Schmidt, W.: Lehrbuch der Anatomie. 4. Auflage. Springer Verlag Berlin 1987
Abb. 41, 42, 53:	Ellenberger, W.; Baum, H.: Handbuch der vergleichenden Anatomie der Haustiere. 18. Auflage.Springer Verlag Berlin 1943
Abb. 7-11, 14-16, 30, 31, 35-37:	Nickel, R.; Schummer, A.; Seiferle, E. (eds.): Lehrbuch der Anatomie der Haustiere Band I. Verlag Paul Parey Berlin-Hamburg 1954
Abb. 78-83:	Nickel, R.; Schummer, A.; Seiferle, E. (eds.): Lehrbuch der Anatomie der Haustiere Band IV. 3. Auflage. Verlag Paul Parey Berlin-Hamburg 1992
Abb. 4, 5, 57, 67:	Geneser, F.: Histologie. Deutscher Ärzte-Verlag Köln 1990
Abb. 6, 48, 55, 56, 61-63, 66, 71:	Rohen, J.-W.; Lütjen-Drecoll, E.: Funktionelle Histologie. 2. Auflage. Schattauer Verlag Stuttgart-New York 1990

Literaturverzeichnis

1 Bucher, O.; Wartenberg, H.: Cytologie, Histologie und Mikroskopische Anatomie des Menschen. 11. Auflage. Verlag Hans Huber Bern-Stuttgart-Toronto 1992

2 Döcke, F. (ed.): Veterinärmedizinische Endokrinologie. 3. Auflage. Gustav Fischer Verlag Jena-Stuttgart 1994

3 Drenckhahn, D.; Zenker, W. (eds.): Benninghoft Anatomie. 15. Auflage. Urban und Schwarzenberg, München-Wien-Baltimore 1994

4 Ellenberger, W.; Baum, H.: Handbuch der vergleichenden Anatomie der Haustiere. 18. Auflage. Springer Verlag Berlin 1943

5 Geneser. F.: Histologie. Deutscher Ärzteverlag Köln 1990

6 Kämpfe, L.: Kittel, R.: Klapperstück, J.: Leitfaden der Anatomie der Wirbeltiere. 2. Auflage. Gustav Fischer Verlag Jena 1966

7 Koch, T.; Berg, R.: Lehrbuch der Veterinäranatomie. Band I Bewegungssystem. 5. Auflage. Gustav Fischer Verlag Jena 1992

8 Koch, T.; Berg, R.: Lehrbuch der Veterinäranatomie. Band II Eingeweidelehre. 4. Auflage. Gustav Fischer Verlag Jena 1990

9 Koch, T.; Berg, R.: Lehrbuch der Veterinäranatomie. Band III Die großen Steuerungs- und Versorgungssysteme. 5. Auflage. Gustav Fischer Verlag Jena-Stuttgart 1993

10 Loeffler, K.: Anatomie und Physiologie der Haustiere. 9. Auflage. Verlag Eugen Ulmer Stuttgart 1994

11 Michel, G.; Salomon, F,-V.; Gutte, G.: Morphologie der landwirtschaftlichen Nutztiere (1. Auflage). Quelle und Meyer Verlag Heidelberg-Wiesbaden 1986

12 Nickel, R.; Schummer, A.; Seiferle, E. (eds.): Lehrbuch der Anatomie der Haustiere. Band I Bewegungsapparat. 1. Auflage. Verlag Paul Parey Berlin-Hamburg 1954

13 Nickel, R.; Schummer, A.; Seiferle, E. (eds.): Lehrbuch der Anatomie der Haustiere. Band IV Nervensystem, Sinnesorgane, endokrine Drüsen. 3. Auflage. Verlag Paul Parey Berlin-Hamburg 1992

14 Rohen, J. W.; Lütjen-Drecoll, E.: Funktionelle Histologie. 2. Auflage. Schattauer Verlag Stuttgart-New York 1990

15 Schiebler, T.-H.; Schmidt, W.: Lehrbuch der gesamten Anatomie. 4. Auflage. Springer Verlag Berlin-Heidelberg 1987

16 Smollich, H.; Michel, G.: Mikroskopische Anatomie der Haustiere. 2. Auflage. Gustav Fischer Verlag Jena-Stuttgart 1992

Index